Contents

利用大概的數字迅速掌握全體

擅長概數心算的人數字觀念也一定很強

增 強計算能力的訣竅之一就是掌握數的概略大小。

以購物為例，假設到超市買了下面插圖中的商品。若想以心算正確算出總價可能有點辛苦，因此我們抓概略的數，亦即將各物品的價格取整數：200元、100元、800元、100元、500元進行計算。像這樣，概略的數稱為「概數」（approximate number）。若使用概數，就能以心

所買商品的總計金額是多少呢？

1. 將所買之各項商品的價格用四捨五入法取概數到前面數來第二位

537元 ➔ **500**元

198元 ➔ **200**元

128元 ➔ **100**元

98元 ➔ **100**元

777元 ➔ **800**元

2. 將概數的數值相加

正確計算	概數計算
128	100
537	500
198	200
777	800
98	100
1738	**1700**

很快就能掌握大概的合計金額！

算迅速將數字相加得出答案。計算的結果是 1700 元，而正確計算所得的解答是 1738 元，由此可知兩者的差距不是太大。

以宇宙最高速度行進的光，一年間所行進的距離稱為「1 光年」。現在，讓我們使用概數來計算看看 1 光年究竟約等於多少公里呢？各位，請跟著計算步驟實際感受一下概數的方便性吧！

使用概數，進行大致的計算！

左頁為購物之際，概算所購商品總價為何的例子。將價格數值以四捨五入法取概數到前面數來第二位，即可簡單心算出答案。

下方是天文學用來計算「1 光年」為多少公里的概算範例。

「1 光年」是多少公里呢？

1. 將 1 年換算成日，取概數。

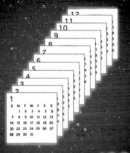

1 年 ＝ 365 日 ⇒ 400 日

2. 將 1 日換算成小時，取概數。

1 日 ＝ 24 小時 ⇒ 20 小時

3. 將 1 小時換算成秒，取概數。

1 分 ⇒ 60 秒　1 小時 ⇒ 60 分

3600 秒 ⇒ 4000 秒

4. 將上面 1～3 的結果相乘，就能知道 1 年大約是多少秒。

400 日 ×20 小時 ×4000 秒

＝32,000,000 秒

光的速度
30 萬 km/秒

5. 光速與 4 中所得的秒數相乘，就能獲知 1 光年大概是多少公里了。

32,000,000 秒 ×300,000 km/秒

＝9,600,000,000,000 km

9 兆 6000 億 km

更正確地說，是 9 兆 4600 億公里

只要將大數「分配」&「代換」

即使是非常龐大的數字，也很容易處理

對於過於龐大的數目，我們很難有真切的感受。因此，為了對龐大的數目有具體的印象，我們會將數予以「分配」。

　　舉例來說，日本的人口約 1 億 2000 萬人，國家的年度總預算約 100 兆日圓。如果以 100 兆日圓除以 1 億人的話，就是每人 100 萬日圓，若除以 1 億 2000 萬人的話，每人約是 83 萬日圓。

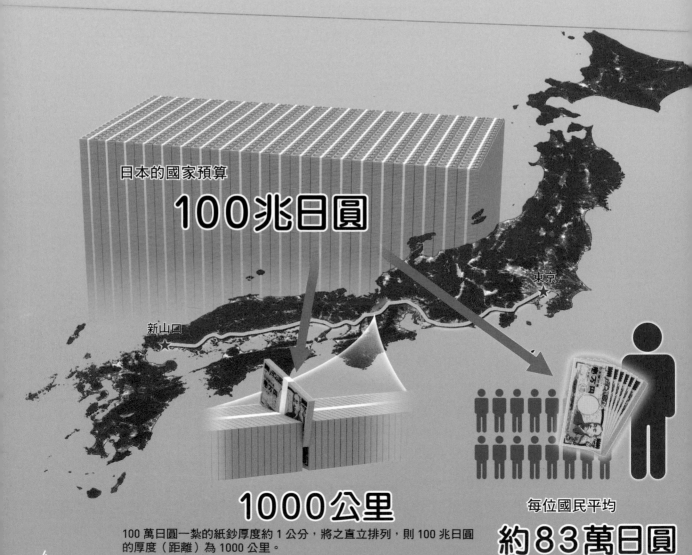

日本的國家預算

100兆日圓

新山口
東京

1000公里

100 萬日圓一紮的紙鈔厚度約 1 公分，將之直立排列，則 100 兆日圓的厚度（距離）為 1000 公里。

每位國民平均

約83萬日圓

此外，還有代換成長度或是其他物品之個數等方法。以 1 萬日圓的紙鈔為基準，100 張 1 紮的厚度（100 萬日圓）大約是 1 公分，而 100 兆日圓就是 100 萬日圓 1 紮的紙鈔共有 1 億疊。亦即，100 兆日圓的紙鈔厚度就是 1 億公分（＝100 萬公尺＝1000 公里）。

太陽的直徑「約140萬公里」，如果以地球為量尺，地球的直徑約 1 萬

3000 公里，因此我們知道太陽直徑就大約是100 個地球排列的長度。像這樣，將巨大的數予以分解或是代換，有助於我們直觀瞭解其大小。

以容易了解的數予以代換，就能更直觀的理解大數

左頁是為了讓眾人實際感受「100 兆日圓」有多少，而採用將之分配給全體國民、或是代換成長度（距離）的例子。右頁是為讓人實際感受太陽的直徑有多長，而將之代換成地球直徑所進行的比較。

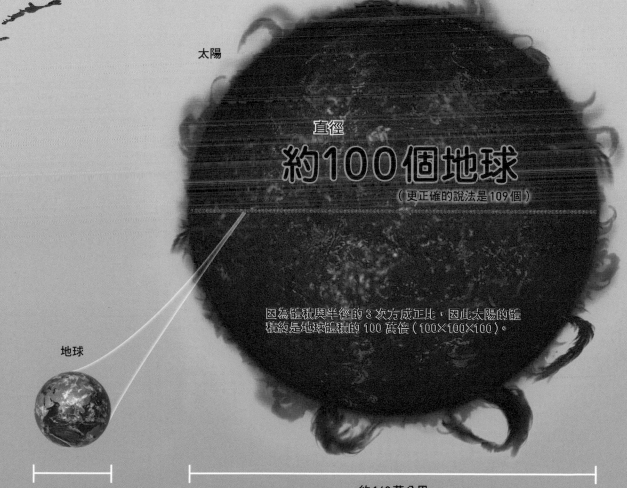

太陽

地球

直徑
約100個地球
（更正確的說法是109個）

因為體積與半徑的 3 次方成正比，因此太陽的體積約是地球體積的 100 萬倍（100×100×100）。

約 1 萬 3000 公里

約140萬公里

在不知不覺中，
我們使用了大數

我們經常可以聽到表示數位相機解析度（像素、畫素）的「百萬像素」（megapixel）、表示智慧型手機之記憶體容量的「吉位元組」（gigabyte，GB）等等。「mega」、「giga」是為了讓大數變得簡約，可清楚表達概念的縮寫。

例如：mega（M）表示 100 萬，giga（G）是 mega 的 1000 倍，換句話說是表示 10 億。當說到「數位相機的像素數為 8 mega」時，意味著感光元件的數量（像素數）有 800 萬個。數字的位數每改變 3 位，就會冠上不同的詞頭，諸如 giga 的 1000 倍是「tera」（T），再 1000 倍是「peta」（P），以此類推。

相反地，也有表示小數的東西（詞頭）。「milli」（m）是 1000 分之 1，而其 1000 分之 1 是「micro」（μ），μ 的 1000 分之 1 是「nano」（n），以此類推。在數位時代的現在，如果能夠瞭解這些詞頭的意義，對掌握電子產品的性能等應該會有所助益。

無數多井然有序排列的感光元件

電子產品上面經常
出現的大數

數位相機的「影像感測器」（image sensor）上面排列數百萬個感光元件（插圖上）；而智慧型手機的記憶體容量也非常大（插圖下）。「mega」、「giga」這些詞頭把大數的詞縮短了，在表示上就方便許多。

8,000,000像素
8 mega像素
（M pixels）

內存記憶體

大量的電子資料

64,000,000,000
byte
64 gigabyte
（GB）

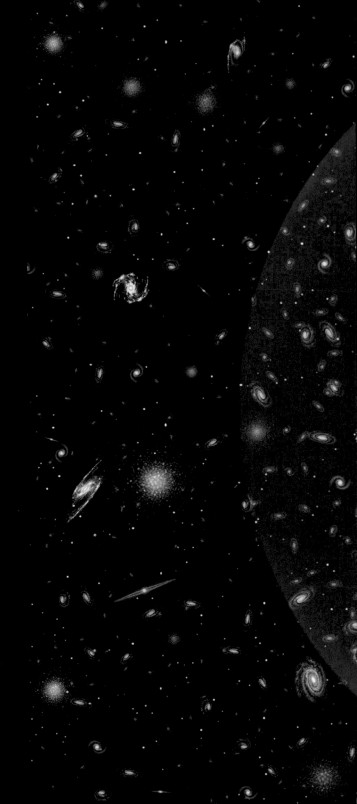

非常巨大的數，若使用「指數」會比較方便

使用望遠鏡的可觀測距離最遠為 4.4×10^{26} m

在 正式進入「對數」（logarithm）的話題之前，讓我們先來預習一下吧！

與對數有互為表裡關係的，就是「指數」（exponent）。所謂「指數」是「同一個數重複相乘的次數」，例如 2 重複乘 3 次時，指數就是 3（2^3）。

在表示這類非常龐大的數時，使用指數會非常方便。舉例來說，如果以公尺來表示可觀測宇宙（以望遠鏡可以觀測到的最遠距離）的大小（半徑），則大約是 440000000000000000000000000 公尺。該大數若以指數來表示的話，就會變成 4.4×10^{26} 公尺，是不是變得簡潔多了！

4.4×10^{26} 的讀法是「4.4 乘以 10 的 26 次方」，意思是 4.4 乘 10 連乘 26 次。在本例中的 26 就是相同的數（本例為 10）重複相乘的次數，亦即所說的指數。

可觀測宇宙

以公尺來表示可觀測宇宙的大小時，
約是4400000000000000000000000000公尺
＝ 4.4×10^{26} 公尺

極端小的數，若使用「指數」也會比較方便

氫原子的原子核直徑為 1.0×10^{-15}m

指數用在表示極端小的數（接近於零）也非常方便。

舉例來說，若以公尺來表示氫原子的原子核大小時，其直徑大約是 0.000000000000001 公尺。將這個數字以指數來表示，就是 $1.0 \times (\frac{1}{10})^{15}$ 公尺。$1.0 \times (\frac{1}{10})^{15}$ 的讀法為「1.0 乘上 $\frac{1}{10}$ 的 15 次方」，意思是1.0 乘 $\frac{1}{10}$，重複乘 15 次後所得到的數。

若是比 1 小的數重複相乘時，也能以負數來表現指數。$1.0 \times (\frac{1}{10})^{15}$ 若使用負號（－）來表示，就可以表示為 1.0×10^{-15} 公尺，讀法是「1.0 乘以 10 的負 15 次方」，指數為 － 15。

像這樣，非常巨大的數或是極端小的數，若使用指數來表示的話，就會變得非常簡潔。

氫原子

原子核

電子

以公尺來表示氫原子核的直徑時，
大約是 0.000000000000001 公尺
= 1.0×10⁻¹⁵公尺

每天所得的米量是前一天的2倍，從第一天的1粒米開始

到第30天竟然可得
5億3687萬912粒！

接下來，讓我們來介紹使用指數的有趣計算。

　　皇帝問有功於社稷的能臣說：「朕要賞你，你想要什麼呢？」能臣回答道：「願賜第一日米1粒，第二日米2粒，第三日米4粒，第四日米8粒，如此這般，從第一日1粒米，以每日賞米數為前一日之倍數的規則，懇賞30日。」

　　皇帝聽到之後稱讚說道：「所求何其卑微啊！」立即答應。然而，隨著越來越接近第30日，皇帝終於發現這樣的應許所付出的代價太大了。因為僅是第30日就必須賞賜5億3687萬912粒（1×2^{29}粒）的米。如果用60公斤裝的米袋來裝的話，大約是200袋的量。

　　像這類，能以指數來表示的重複相乘，蘊藏著超乎想像的爆發力。一般也將非常急速的增加以「指數函數型增加」來表現。

第一天1粒　　　　成倍數增加

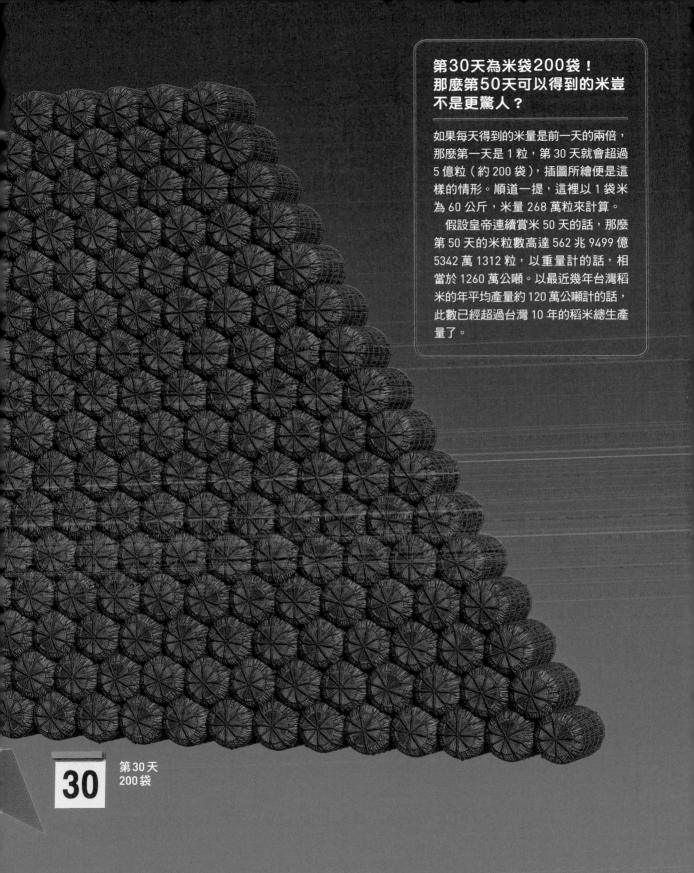

第30天為米袋200袋！那麼第50天可以得到的米豈不是更驚人？

如果每天得到的米量是前一天的兩倍，那麼第一天是 1 粒，第 30 天就會超過 5 億粒（約 200 袋），插圖所繪便是這樣的情形。順道一提，這裡以 1 袋米為 60 公斤，米量 268 萬粒來計算。

假設皇帝連續賞米 50 天的話，那麼第 50 天的米粒數高達 562 兆 9499 億 5342 萬 1312 粒，以重量計的話，相當於 1260 萬公噸。以最近幾年台灣稻米的年平均產量約 120 萬公噸計的話，此數已經超過台灣 10 年的稻米總生產量了。

30

第30天
200袋

吉他刻度所依循的規律

弦的長度增為1.06倍時，音高降半音

同數重複相乘也出現在音階（scale）上面。弦樂器之弦振動部分的長度成 1.06 倍的倍數關係。

音高係依弦長而定，因此，當希望音高降「半音」（semitone）時，就把弦的長度增為 1.06 倍（1.06^1）。若希望再降半音時，就再將弦長增長 1.06 倍（1.06×1.06），也就是約 1.12 倍（1.06^2）。若想再降半音時，弦長就必須再增長約 1.19 倍（1.06^3）。換言之，就是 1.06 倍的重複相乘。

這樣的情形可以透過觀察吉他獲得確認。吉他上面有稱為「音格（亦稱琴格）」（fret）的部分，根據手指按壓在哪個音格即可改變弦振動部分的長度（改變音高）。

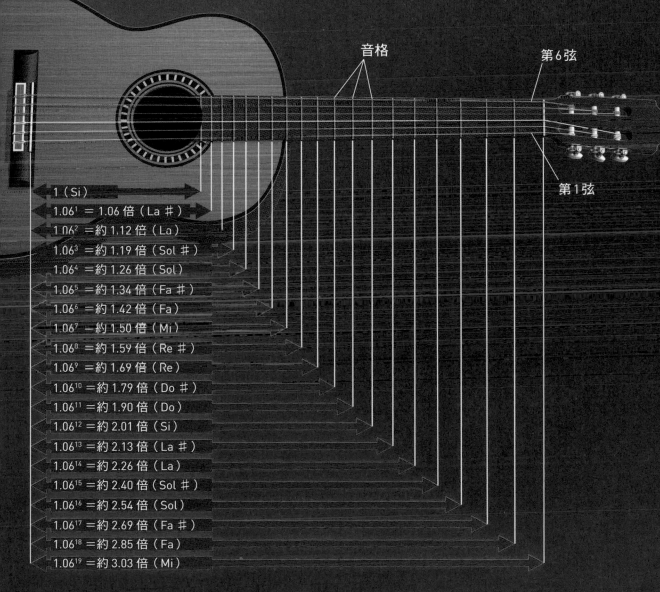

音階是1.06倍的重複相乘

吉他是在手指按壓音格（琴格）的狀態下撥動琴弦發出聲音。音格係以距離弦基部之長度的 1.06 倍為刻度構成的。弦之振動部分的長度會根據所按壓音格的不同而改變，結果所發出的音高也會不同。

隨著弦振動部分之長度每增加 1.06 倍，所發出之音高就會降低「半音」。

音格

第6弦

第1弦

1（Si）

1.06^1 = 1.06 倍（La ♯）

1.06^2 = 約 1.12 倍（La）

1.06^3 = 約 1.19 倍（Sol ♯）

1.06^4 = 約 1.26 倍（Sol）

1.06^5 = 約 1.34 倍（Fa ♯）

1.06^6 = 約 1.42 倍（Fa）

1.06^7 = 約 1.50 倍（Mi）

1.06^8 = 約 1.59 倍（Re ♯）

1.06^9 = 約 1.69 倍（Re）

1.06^{10} = 約 1.79 倍（Do ♯）

1.06^{11} = 約 1.90 倍（Do）

1.06^{12} = 約 2.01 倍（Si）

1.06^{13} = 約 2.13 倍（La ♯）

1.06^{14} = 約 2.26 倍（La）

1.06^{15} = 約 2.40 倍（Sol ♯）

1.06^{16} = 約 2.54 倍（Sol）

1.06^{17} = 約 2.69 倍（Fa ♯）

1.06^{18} = 約 2.85 倍（Fa）

1.06^{19} = 約 3.03 倍（Mi）

註 1：「Do」與「Re」、「Re」與「Mi」、「Fa」與「Sol」、「Sol」與「La」、「La」與「Si」為全音（2 階）之差。而「Mi」與「Fa」、「Si」與「Do」為半音（1 階）之差。

註 2：藉由弦的粗細和弦的張力也能改變音高。吉他有六根弦，設定成即使按壓相同位置的音格，各弦所發出的音高也不相同。第 1 弦與第 6 弦所發出的音高剛好相差 2 個八度音程（octave，例如從高音 Do 到低音 Do）。

「放射性物質」的衰變也有重複相乘法則！

放射性物質的原子個數每經過一定時間（半衰期），數量就會減為原來的 $\frac{1}{2}$ 倍

只要測定生物化石中所含放射性物質（碳-14 等）的量，即可推測出成為該化石生物死亡至今已經過多少歲月（年代測定法）。

重複相乘的結果，數字不一定都會變大。比 1 小的數重複相乘，數字會愈乘愈小（逐漸趨近於零），「放射性物質」的原子（原子核）就是這樣的情形。

放射性物質的原子核極不穩定，經過一段時間就會釋放出放射線而「衰

由遺物所含放射性物質的比例可以得知的訊息

只要了解遺物內部含有多少比例的放射性物質，就能獲知過去的事件是在什麼時候發生的。因為放射性物質的原子核會以一定的機率「衰變」，轉變成其他物質的緣故。

變」（decay），轉變成其他的原子核。其機率依放射性物質的種類而定，有固定的值。某種放射性物質的群體以一定的機率衰變，就整體而言，當數量衰變至原來的 $\frac{1}{2}$ 所經過的時間稱為「半衰期」（half life）。經過 1 次半衰期的時間，放射性物質的原子個數變為 $\frac{1}{2}$，經過 2 次半衰期則變為 $\frac{1}{2} \times \frac{1}{2}$ ＝ $\frac{1}{4}$，這也是一種重複相乘。

以「碳 -14」這種放射性物質為例，其半衰期大約是 5730 年。此外，在日本核能電廠事故中，被認為是一大問題的「銫 -137」，半衰期約 30.1 年。

放射性物質的原子個數每經過半衰期就衰變 $\frac{1}{2}$ 倍

放射性物質是以固定的機率「衰變」成為其他物質。放射性物質的種類不同，衰變的機率也不一樣，各放射性物質每經過一個「半衰期」，原子的數目便會遞減為 $\frac{1}{2}$ 倍。

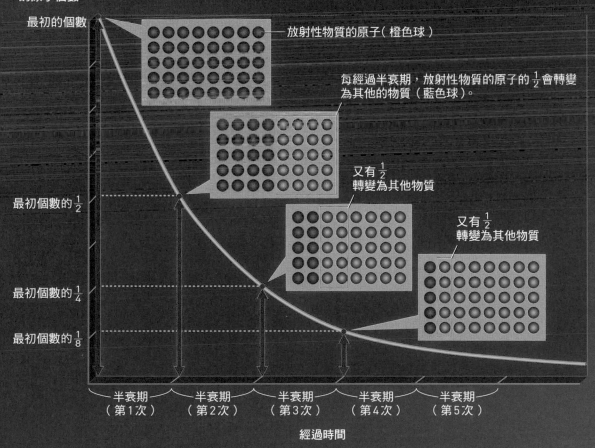

放射性物質的原子個數

最初的個數 ——— 放射性物質的原子（橙色球）

每經過半衰期，放射性物質的原子的 $\frac{1}{2}$ 會轉變為其他的物質（藍色球）。

又有 $\frac{1}{2}$ 轉變為其他物質

又有 $\frac{1}{2}$ 轉變為其他物質

最初個數的 $\frac{1}{2}$

最初個數的 $\frac{1}{4}$

最初個數的 $\frac{1}{8}$

半衰期（第 1 次） 半衰期（第 2 次） 半衰期（第 3 次） 半衰期（第 4 次） 半衰期（第 5 次）

經過時間

實際體會「指數函數型增加」

所謂「指數」是同一個數重複相乘的次數。例如，當 2 重複乘 3 次時，指數就是 3（2^3）。另外，重複相乘的數稱為「底」（或是底數），2 重複乘 3 次時，底就是 2（2^3）。

誠如「指數函數」之名所示，它是一種「函數」（function）。函數就像是一個機器，「當變數 x 輸入一個具體的數字時，依循該函數的關係式，可以得到相對應的數值 y」。指數函數是指數為變數 x 的函數，像「$y = 2^x$」這樣的函數就是指數函數。

指數函數具有「當代入變數 x 的數逐漸變大時，y 值會急速增大」的性質。指數函數所呈現的急速增加被稱為「指數函數型增加」，隱藏在自然界諸多的現象、人類的經濟活動等方面，隨處都可以見到其身影。

舉例來說，假設有個細胞每天分裂 1 次，個數會增為 2 倍。那麼，這個細胞經過 1 年後（365 日後），會變為多少個呢？

細胞在 365 天後的個數就是 2^{365} 個。以電腦計算 2^{365} 的結果，答案是「75153362……（中間省略）……1919232」，位數高達 110 位的巨大數字。1 年後的細胞個數約達 7.5×10^{109} 個。

順道一提，根據推算全宇宙的原子個數大約是 80 位數的巨大數量。由於我們無法想像細胞的分裂個數竟然會凌駕全宇宙的原子個數，也不足以提供營養給全部的細胞，甚至連培養皿都無法符合需要，因此我們只能通過計算來認識細胞分裂的潛力。

就像這裡所舉的例子，在自然現象、經濟活動中，頻頻可以看到變化的量呈現指數函數型。在分析、描述這樣變化的過程中，指數函數便完成其基本功能。

經過 1 年後，細胞數量達到多少個？

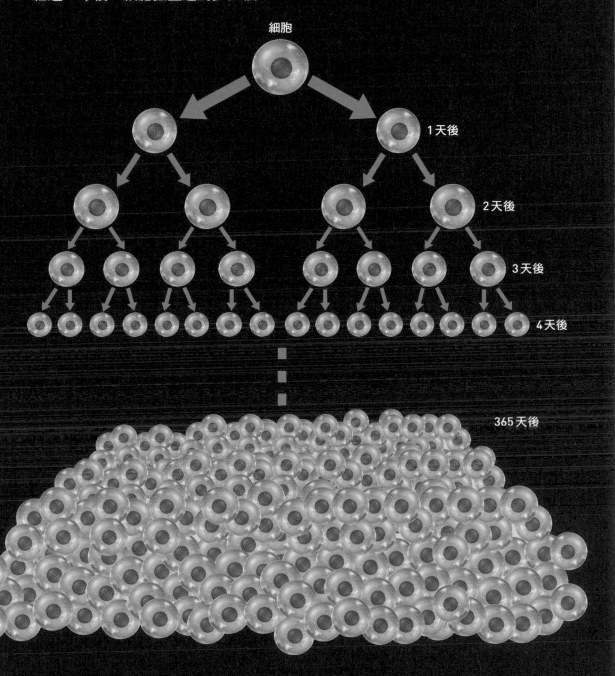

細胞

1 天後

2 天後

3 天後

4 天後

365 天後

約 7.5×10^{109} 個

恆星的亮度等級也是
一種「對數」概念

每提高 1 星等，
亮度就增加 2.5 倍

從現在起，我們要正式進入對數的世界。提到夜空閃爍的恆星，各位應該聽過表示其亮度（光量）的「1等星」、「2等星」這樣的說法（1等星比2等星亮）。這裡出現的1、2這些數字，事實上是根據「對數」概念制定的。

5等星的光量約是6等星的2.5倍，4等星的光量約是6等星的6.3

恆星亮度與對數

1 等星

2 等星

光量 約 39（2.5⁴）

3 等星 ── 光量 約 15.6（2.5³）

4 等星 ── 光量 約 6.3（2.5²）

5 等星 ── 光量 約 2.5

6 等星 ── 這裡將此光量設為 1

倍（2.5^2 倍）。而 1 等星的光量約是
6 等星的 100 倍（2.5^5 倍）。換句話
說，恆星等級乃是光量差，而光量
差是依「2.5 的幾次方」而定。

此「2.5 的幾次方（2.5 重複相乘
的次數為多少次）」完全就是對數的
概念。所謂對數是某既定的數（本
例為 2.5）乘上多少次而得到另外一
數（本例為光量差），亦即自乘的次

數（幾次方）之意。

光量 約 100（2.5^5）

恆星亮度的等級每上升 1 級，亮度約提高 2.5 倍

假設將 6 等星的光量當做 1，則隨著「5 等星、4 等星……」的
等級增加，光量成 2.5 倍、再 2.5 倍的方式增加。橫條圖的橫軸
係表示以 6 等星為基準時的光量。此外，插圖所繪之各恆星的發
光直徑也與光量成正比。

地震的M也是一種「對數」概念

M每增加1，釋放的能量約增加32倍

表示地震規模的數值「芮氏規模」（M）也與對數有關。

地殼岩層受到極大的外力作用（應力），地震是當應力大於岩層所能承受的強度時，岩層發生錯動所產生的。地震規模（M）表示所推估地震釋放出來的能量大小。

將地震釋放的能量以「E」來表示時，M 每增加 1，E 約增加 32 倍（$32 = 32^1$）。M 增加 2 時，E 約增加 1000 倍（$1000 ≒ 32^2$）。換句話說，M 約以 32 為底的對數換算釋放的能量（M 之能量差是 32 的幾次方）。

除了地震規模以外，表示酸鹼性之指標的 pH 值（酸鹼值，24～25 頁）、表示聲音大小的「分貝」（符號為 dB，26～27 頁）等也都使用了對數。在科學的各種領域中，對數都是重要的存在。

M 增加 1，地震釋放的能量就增加 32 倍

假設地震釋放的能量 M1 是 1，那麼隨著 M2、M3 的增加，就會成約 32 倍、再約 32 倍的增加。插圖是以球的體積來表現 M5.0、M6.0、M7.0、M8.0、M9.0 的地震釋放能量。

M9.0

M8.0

M7.0

M6.0

M5.0

表示酸鹼度指標的 pH值也是對數

14位數的濃度差,使用對數就一目瞭然

表示水溶液酸性、鹼性強弱程度的「pH」(氫離子濃度指數)也與對數有密切關係。pH 採取從 0 到 14 的值,愈靠近 0 酸性愈強,7 為中性,愈靠近 14 鹼性愈強。

pH 的數值意味著「氫離子」(H^+)的濃度多少。水溶液中的氫離子濃度高,該水溶液就呈酸性;濃度低,水溶液就呈鹼性。

水溶液中的氫離子濃度因酸性或鹼性的程度而有非常大的變化。假設最強酸性的氫離子濃度為 1,那麼最強鹼性的氫離子濃度就是 0.00000000000001,其間的濃度差竟然高達 14 位數。若直接使用氫離子濃度的數值做為酸鹼性的指標極為不便,因此才會使用對數來表示,除了能夠消除不便性外,使用起來更能得心應手。

使用0～14的數值來表示酸性與鹼性的程度

插圖所示為氫離子濃度的值和與之相對應的 pH 值。當 pH 值相差 1 時,氫離子濃度相差了 10 倍。

氫氧離子(OH⁻)

氫離子(H⁺)

水分子(H_2O)

$$pH = -\log_{10}[H^+]$$

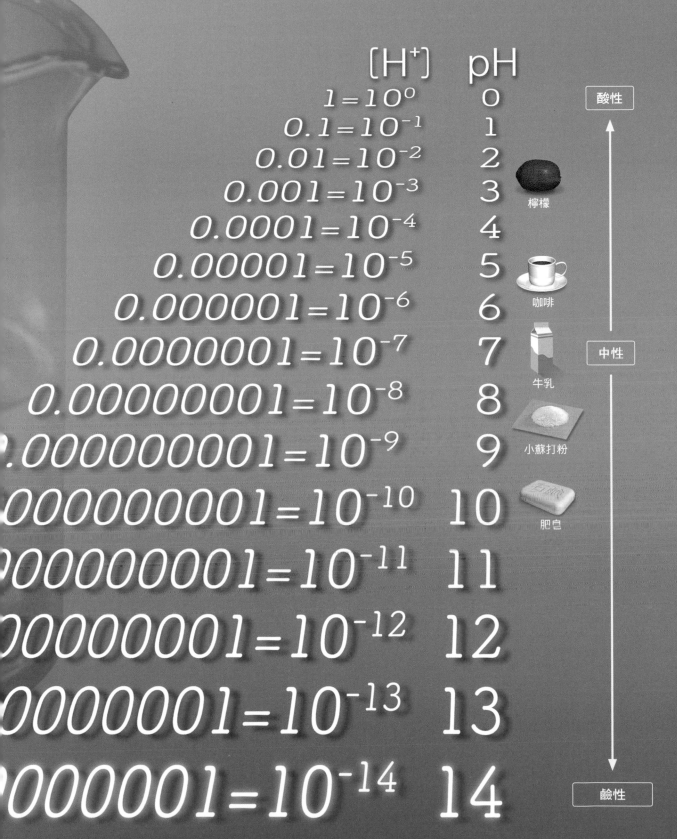

	[H⁺]	pH	
	$1 = 10^0$	0	酸性
	$0.1 = 10^{-1}$	1	
	$0.01 = 10^{-2}$	2	
	$0.001 = 10^{-3}$	3	檸檬
	$0.0001 = 10^{-4}$	4	
	$0.00001 = 10^{-5}$	5	咖啡
	$0.000001 = 10^{-6}$	6	
	$0.0000001 = 10^{-7}$	7	中性
	$0.00000001 = 10^{-8}$	8	牛乳
	$0.000000001 = 10^{-9}$	9	小蘇打粉
	$000000001 = 10^{-10}$	10	肥皂
	$00000001 = 10^{-11}$	11	
	$0000001 = 10^{-12}$	12	
	$000001 = 10^{-13}$	13	
	$00001 = 10^{-14}$	14	鹼性

量度噪音的單位也使用對數

「分貝」是表示聲壓之「位數」變化

表示聲音大小的單位「分貝」也用到了對數。

聲音的本質是空氣的振動。空氣振動的強度愈大，耳朵所聽到的聲音就愈大。空氣振動的強度（聲壓），目前已知人耳所能聽到的最微弱聲音大約是 10^{-5} Pa（帕斯卡＝壓力單位）。

小聲音和大聲音的聲壓數值會有

各種聲音的大小

插圖所繪為各種聲音及其大小（聲壓與分貝值）的標準。分貝乃使用對數予以定義，這裡將人的感覺也以對數的方式來表示。

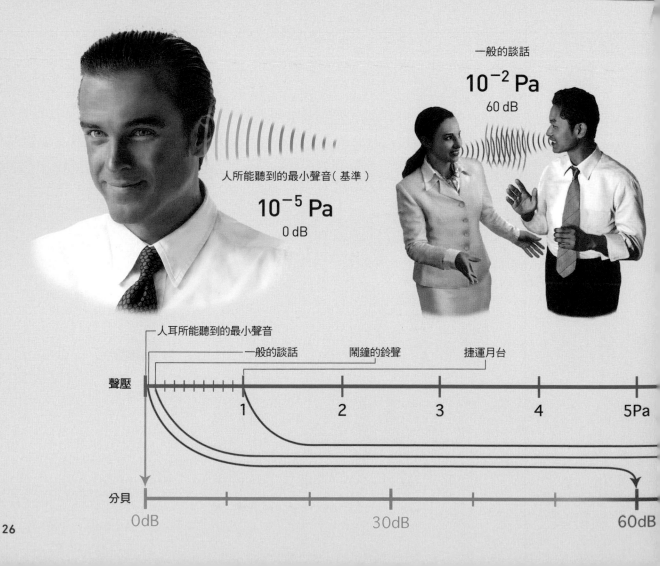

一般的談話
10^{-2} Pa
60 dB

人所能聽到的最小聲音（基準）
10^{-5} Pa
0 dB

人耳所能聽到的最小聲音

一般的談話　　鬧鐘的鈴聲　　捷運月台

聲壓

1　　2　　3　　4　　5Pa

分貝

0dB　　30dB　　60dB

非常大的變化。例如，一般談話的聲音，聲壓約是 10^{-2}Pa，與人耳所能聽到的最微弱聲音相較，數值約大了 1000 倍。再者，噴射機所發出的噪音約 10Pa，是最微弱聲音的 100 萬倍。

　　誠如上面所示，若要直接使用聲壓數值做為聲量的指標相當不方便。另外，人耳所能聽到的最小聲音和最大聲音的聲壓大小相差了 100 萬倍，但是切身並沒有太大的感覺。因此，才將聲量採用對數來表示，這就是分貝。

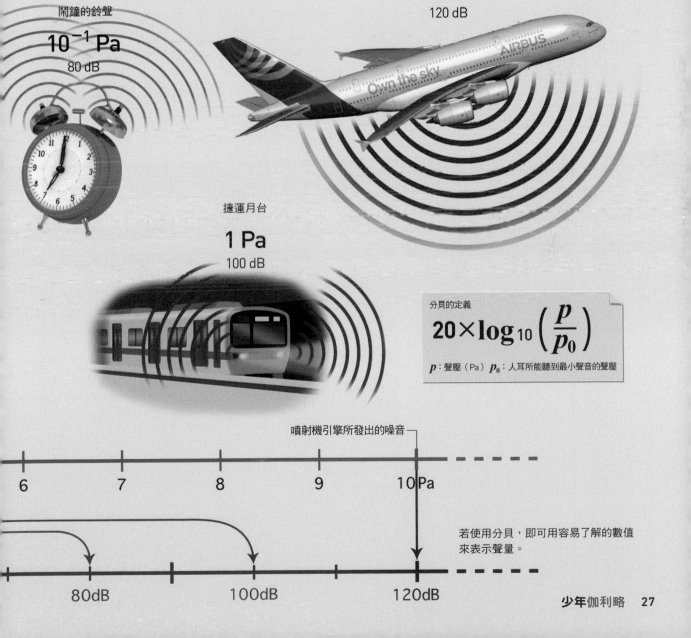

噴射機引擎所發出的噪音

10 Pa

120 dB

鬧鐘的鈴聲

10^{-1} Pa

80 dB

捷運月台

1 Pa

100 dB

分貝的定義

$$20 \times \log_{10}\left(\frac{p}{p_0}\right)$$

p：聲壓（Pa）　p_0：人耳所能聽到最小聲音的聲壓

噴射機引擎所發出的噪音

| 6 | 7 | 8 | 9 | 10 Pa |

若使用分貝，即可用容易了解的數值來表示聲量。

80dB　　　　100dB　　　　120dB

何謂利用對數的「計算尺」？

像魔術般找出答案的類比式計算機

所謂對數，簡單來說就是「某數重複相乘的次數」。不過，詳細說明且待後面再說，首先讓我們先來認識「計算尺」（slide rule）。

計算尺是利用對數的類比式計算機，簡直就像變魔術般，一下子就能計算出答案，是種非常方便而神奇的工具。事實上，直到數十年前，計算尺一直都扮演著今天電腦的角色。不

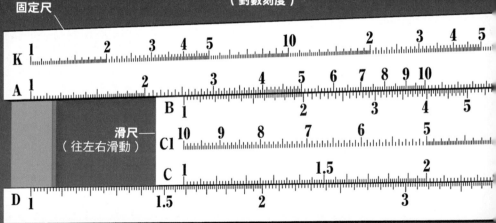

刻度間隔並不相等
（對數刻度）

固定尺

滑尺
（往左右滑動）

固定尺

管是法國巴黎的艾菲爾鐵塔（1889
年完成），還是美國紐約的帝國大廈
（1931年完成），甚至是日本的東京
鐵塔（1958年完成），都是利用計算
尺設計出來的。

　計算尺是由幾種上面有不同刻度的
直尺組合而成，不過刻度的間隔並不
相等，這是因為計算尺的刻度是按照
對數規則制定的。

計算尺的基本構造

所謂計算尺就是利用「對數」性質的類比式計
算機。一般是在2根固定尺中間夾著1根滑尺，
滑尺可以左右滑動。僅是滑動滑尺讀取刻度，
調整進位（配合位數），即可進行乘法、除法、
平方、立方等的計算（不過，是近似值計算）。

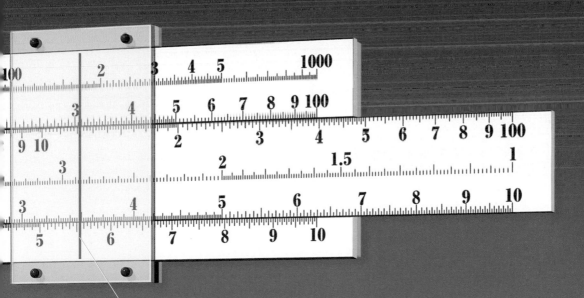

滑動線（cursor line）
滑動此紅線，在對齊刻度或是讀取刻度之際使用。

以計算尺計算出「2×3」的答案！

只要滑動直尺，答案就出來了

現在，讓我們實際使用計算尺來計算看看。

為了能夠簡單說明，我們以 2×3 這個算式為例。在 2×3 的計算中，必要的刻度只有固定尺的「D 尺」和滑尺的「C 尺」二個。

首先是在 D 尺中找出算式 2×3 中「2」的刻度位置。然後滑動 C 尺，讓 C 尺的左端（「1」的刻度）對齊 D

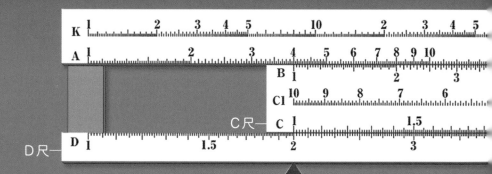

❶在 D 尺中找出 2×3 中的「2」，將 C 尺左端（「1」的刻度）滑動到該處。

尺「2」的刻度位置（插圖的❶）。

接下來，在 C 尺中找出算式中的另一數字「3」的刻度位置，讀取位在其正下方之 D 尺的刻度（❷）。本例所找到的刻度為「6」，這就是本算式的答案。

「2×3」的求法

D 尺「2」的刻度位置對準 C 尺的原點的刻度「1」（❶），讀取 C 尺刻度「3」之正下方的 D 尺刻度值（❷），答案就是「6」。這裡先介紹計算的方法，原理的部分在後面的內容中再詳細說明。

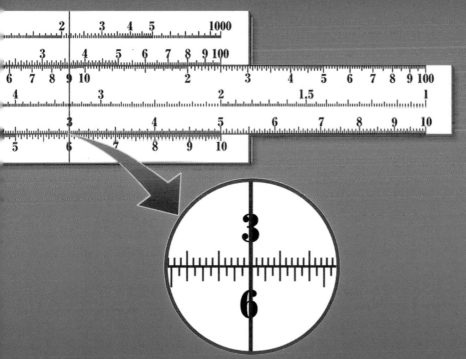

❷ 在 C 尺中找出 2×3 中的「3」，讀取位於其正下方之 D 尺的值，這就是答案。

答案為「6」

以計算尺計算出「36×42」！

暫時先視為「3.6×4.2」予以計算

也許各位會說:「2×3不是用心算比較快嗎?」但是如果計算的數字位數增加的話,使用計算尺仍然可以很快算出答案。

舉例來說,像「36×42」這樣的乘法也能使用計算尺(插圖的❶～❹)。由於計算尺上面沒有36和42的刻度,因此我們必須將36×42暫時先當做「3.6×4.2」來處理。使用計算尺,很容易即可計算出來(不過

「36×42」的求法(步驟1)

將36×42視為「3.6×4.2」。將C尺的左端(原點1)滑到D尺的「3.6」刻度位置(❶)。讀取位在C尺「4.2」刻度正下方的D尺的值(❷)。但是因為無法讀取,以失敗告終。必須改採取步驟2的方法。

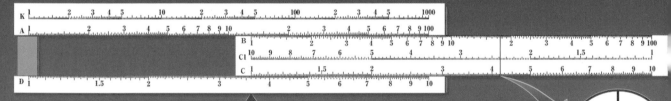

❶將36×42中的「36」視為「3.6」,找出其在D尺中的位置,然後將C尺的左端的「1」滑到該處。

❷將36×42中的「42」視為「4.2」,找出其在C尺中的位置,讀取位於其正下方之D尺的值。不過因已超出D尺的範圍,所以無法讀取。

僅是近似值）。

面來了解計算尺的機制。

再者，如果使用這裡沒有介紹的其他尺的話，像平方根這類更複雜的計算，也能想一想就找出答案。總之，不管什麼樣的場合，基本上就是只將滑尺往左右滑動 就能計算出答案（不過僅是近似值）。

這種神奇的計算尺究竟是以什麼樣的機制導出答案的呢？從下一頁開始，我們將一面思考對數是什麼，一

「36×42」的求法（步驟2）

將 C 尺的「10」刻度滑到 D 尺的「3.6」刻度位置（❸）。讀取位在 C尺「4.2」刻度正下方的 D 尺值，結果為「1.51」（❹）。調整位數，答案為約「1510」。在此，僅示範操作手法，原理方面留待後面再詳細說明。

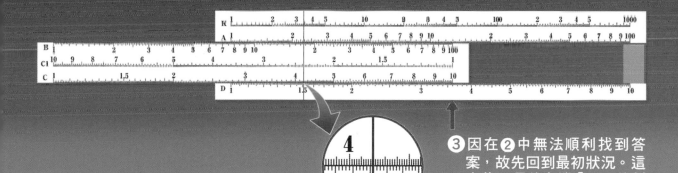

❸因在❷中無法順利找到答案，故先回到最初狀況。這次將 C 尺的右端「10」的刻度滑到 D 尺的「3.6」上面。

❹讀取位於 C 尺「4.2」正下方之 D 尺的值，結果為「約1.51」。因為前面調整了進位，所以在此 1.51 必須乘上1000。

答案為「約 1510」（實際為 1512）

「對數」是如何誕生的？

對數是被當做簡化計算的工具而發想出來的

想出對數是在 1594 年的事。當時，也就是所謂的「大航海時代」，在測量船隻在海上的位置之際，需要進行大數的計算。此外，像是計算行星軌道等也需要非常複雜的計算。換句話說，「如果計算過程能更輕鬆一點就好了」是這個時代渴切的要求。在這樣的狀況下，蘇格蘭的物理學家暨數學家納皮爾（John Napier，1550～1617）便

所謂對數就是重複相乘的次數

所謂對數係指某數重複相乘得出另一個數時，重複相乘的次數。對數在寫成數學式時，會使用「log」這個符號。例如：「2 重複乘上數次後答案為 8，那麼重複相乘的次數」就以「$\log_2 8$」來表示。

對數⋯⋯當○重複乘上多少次會等於□時的相乘次數，
○稱為底數（也稱為底），□稱為真數。

想出「對數」做為計算的工具。

　　為了對「對數」有所理解，讓我們回到成倍增加的「米粒」問題（12～13頁）吧！舉例來說，第4天得到的賞米是多少粒呢？從第1天的1粒，第2天、第3天、第4天總共重複3次的2倍，所以是2^3（2的3次方），也就是8粒。這是指數的想法。

　　相反的，在第幾天可獲得8粒米呢？這是「對數」的思考模式。某固定數重複相乘多次而得到另一個數時，重複相乘的次數（多少次方）就稱為「對數」。

納皮爾
（1550～1617）

「對數」與「指數」有何差別？

對數與指數在見解上並不相同

在34～35頁中已經說明對數是「某固定數重複相乘多次而得到另一個數時，重複相乘的次數（多少次方）」。而第 8 頁中我們也說了指數是「同一個數重複相乘的次數」。那麼，對數和指數究竟有什麼差別呢？

事實上，指數和對數都是「重複相乘的次數」，這一點兩者是一樣

對數與指數為互為表裡的關係

對數是某固定數重複相乘多次而得到另一個數時，重複相乘的次數。

而指數是同一個數重複相乘的次數。

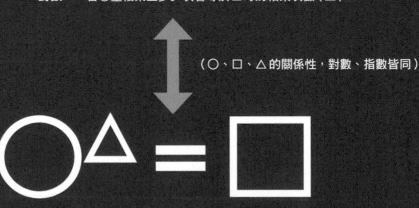

$$\log_{\bigcirc} \square = \triangle$$

對數……當〇重複乘上多少次會等於□時的相乘次數（△）。

（〇、□、△的關係性，對數、指數皆同）

$$\bigcirc^{\triangle} = \square$$

指數……〇重複相乘的次數（△）。

的，不過兩者在見解上有所不同。

指數的狀況是重複相乘的數字（底）和重複相乘的次數（指數）都是事先知道；而對數事先知道的部分是重複相乘的數字（底），以及重複相乘後所得到的那個數字（真數），不知道的則是重複相乘的次數（對數）。指數與對數可說具有互為表裡的關係。

對數與指數之關係的實例

$$\log_2 8 = 3 \longleftrightarrow 2^3 = 8$$

$$\log_2 32 = 5 \longleftrightarrow 2^5 = 32$$

$$\log_2 536870912 = 29 \longleftrightarrow 2^{29} = 536870912$$

$$\log_{10} 1000 = 3 \longleftrightarrow 10^3 = 1000$$

$$\log_3 81 = 4 \longleftrightarrow 3^4 = 81$$

同底數冪相乘為指數相加

$$2^2 \times 2^3 = 2^{(2+3)}$$

接下來讓我們直指利用對數可簡化計算之理由的核心。首先，讓我們先了解指數和對數所具有的重要定律。

若讀者是數學好手，在確認 38、40、42 頁所示的「指數定律」①～③和 44、46、48 頁所示的「對數定律」①～③之後，可以直接跳到 50 頁的內容。

指數定律①
指數定律①若以一般式來表示的話，就是$a^p \times a^q = a^{(p+q)}$。
右頁所示為指數定律①的實例。

指數定律①

$$a^p \times a^q = a^{(p+q)}$$

讓我們先看看指數定律①吧！以 $2^2 \times 2^3$ 這樣的冪運算（同一數自乘若干次）為例，來看看究竟該如何相乘。$2^2 \times 2^3 = (2 \times 2) \times (2 \times 2 \times 2)$，此可以變成 2 的相乘次數（2＋3）的加法。換句話說，$2^2 \times 2^3 = 2^{(2+3)}$。

這是將重複相乘的次數（指數）當成加法來計算。若以一般式來表示的話，就是 $a^p \times a^q = a^{(p+q)}$，此為指數定律。

指數定律①的實例

思考 $3^4 \times 3^5$ 的情形吧！
讓我們不使用指數來表示 $3^4 \times 3^5$ 吧！

$$3^4 \times 3^5 = (3 \times 3 \times 3 \times 3) \times (3 \times 3 \times 3 \times 3 \times 3)$$

3連乘4次　　　　　3連乘5次

3重複相乘的次數為 4＋5＝9。
因此，

$$3^4 \times 3^5 = 3^{(4+5)} = 3^9$$

括弧的指數 是指數相乘

$$(2^2)^3 = 2^{(2 \times 3)}$$

指數定律②

指數定律②若以一般式來表示的話，就是 $(a^p)^q = a^{(p \times q)}$。

右頁所示為指數定律②的實例。

指數定律②

$$(a^p)^q = a^{(p \times q)}$$

接 下來，讓我們來認識指數定律②吧！以 $(2^2)^3$ 這種指數部分帶括弧的為例，$(2^2)^3 = 2^2 \times 2^2 \times 2^2 = (2 \times 2) \times (2 \times 2) \times (2 \times 2)$，亦即將2重複相乘（2×3）次。換句話說，$(2^2)^3 = 2^{(2 \times 3)}$。

這就成了將重複相乘的次數（指數）以乘法來計算，若以一般式表示的話，就是 $(a^p)^q = a^{p \times q}$，這就是指數定律②。

指數定律②的實例

思考 $(5^3)^4$ 的情形吧！

$(5^3)^4$ 意思是 5^3 重複相乘 4 次。

$$(5^3)^4 = 5^3 \times 5^3 \times 5^3 \times 5^3$$

5^3 連乘 4 次

$$= (5 \times 5 \times 5) \times (5 \times 5 \times 5) \times (5 \times 5 \times 5) \times (5 \times 5 \times 5)$$

5 連乘 3 次　　5 連乘 3 次　　5 連乘 3 次　　5 連乘 3 次

（5 連乘 3 次）再連乘 4 次

5 重複相乘的次數為 3×4＝12 次。

$$(5^3)^4 = 5^{(3 \times 4)} = 5^{12}$$

括弧的指數是各數的指數相乘

$(2^5 \times 3^6)^4 = 2^{(5 \times 4)} \times 3^{(6 \times 4)}$

接下來，讓我們來認識指數定律③吧！

以 $(2^5 \times 3^6)^4$ 這種帶括弧的指數為例來看看該如何計算吧！$(2^5 \times 3^6)^4$ $= (2^5 \times 3^6) \times (2^5 \times 3^6) \times (2^5 \times 3^6) \times (2^5 \times 3^6) = (2^5 \times 2^5 \times 2^5 \times 2^5) \times (3^6 \times 3^6 \times 3^6 \times 3^6)$。亦即，將 2 重複相乘（5×4）次，將 3 重複相乘（6×4）次。換句話說，$(2^5 \times 3^6)^4$ $= 2^{(5 \times 4)} \times 3^{(6 \times 4)}$。

指數定律③
指數定律③若以一般式來表示的話，就是 $(a^p \times b^q)^r = a^{(p \times r)} \times b^{(q \times r)}$。
右頁所示為指數定律③的實例。

指數定律③

$$(a^p \times b^q)^r = a^{(p \times r)} \times b^{(q \times r)}$$

上述計算是各數分別乘上重複相乘的次數（指數），以一般式表示的話就是 $(a^p \times b^q)^r = a^{(p \times r)} \times b^{(q \times r)}$，此為指數定律③。

指數定律①～③對指數的計算當然有所助益，同時它們也是導出接下來要介紹之對數定律所必需的工具。尤其是指數定律①「可將乘法當成加法來計算」這點，與 44～45 頁要介紹的對數定律①有直接的關連。這也是「利用對數可將乘法簡化為加法」的理由，請務必牢記。

指數定律③的實例

思考 $(3 \times 7^9)^4$ 的情形吧！
$(3 \times 7^9)^4$ 意思是 (3×7^9) 重複相乘 4 次。

$$(3 \times 7^9)^4 = (3 \times 7^9) \times (3 \times 7^9) \times (3 \times 7^9) \times (3 \times 7^9)$$

(3×7^9) 重複相乘 4 次

$$= (3 \times 3 \times 3 \times 3) \times (7^9 \times 7^9 \times 7^9 \times 7^9)$$

3 重複相乘 4 次　　　　　7⁹ 重複相乘 4 次

3 重複相乘的次數是 $1 \times 4 = 4$ 次。
7 重複相乘的次數是 $9 \times 4 = 36$ 次。
因此，

$$(3 \times 7^9)^4 = 3^{(1 \times 4)} \times 7^{(9 \times 4)} = 3^4 \times 7^{36}$$

將乘法轉換為加法！

$$\log_{10}(100 \times 1{,}000) = \log_{10}100 + \log_{10}1{,}000$$

接下來讓我們來看看對數定律吧！因為式子很多，也許有人會覺得枯燥，不過一定要忍耐。只要現在所說的這些部分理解了，就等同於已經完全了解對數了。

現在，讓我們從對數定律①開始吧！

以 100,000 為例。100,000 是 10^5，因此 $\log_{10}100{,}000 = 5$。此外，100,000

對數定律①

對數定律①若以一般式來表示的話，就是 $\log_a(M \times N) = \log_a M + \log_a N$。

右頁所示為對數定律①的實例。

對數定律①

$$\log_a(M \times N) = \log_a M + \log_a N$$

乘法　　加法

是 100×1,000，所以 $\log_{10}100,000$ = $\log_{10}$（100×1,000）= 5。

而 100 是 10^2，1,000 是 10^3，所以 $\log_{10}100$ = 2，$\log_{10}1,000$ = 3。而 $\log_{10}100$ + $\log_{10}1,000$ = 5。現在，讓我們回想前面才剛確認過的 $\log_{10}$（100×1,000）= 5，換句話說，$\log_{10}$（100×1,000）= $\log_{10}100$ + $\log_{10}$ 1,000。

這就意味乘法的對數可以轉換成加法的對數。若以一般式來表示，就是 $\log_a$（M×N）= $\log_a$M + $\log_a$N，這就是對數定律①。

對數定律①的實例

思考100,000這個數字。
100,000是10^5，而100,000是100×1,000。

$$\log_{10}100{,}000 = \log_{10}10^5 = 5$$

$$\log_{10}100{,}000 = \log_{10}(100 \times 1{,}000) = 5 \qquad \textbf{❶}$$

另一方面，$\log_{10}100 = 2$，$\log_{10}1,000 = 3$。換句話說，

$$\log_{10}100 + \log_{10}1{,}000 = 5 \quad \cdots\cdots\textbf{❷}$$

因此，由❶和❷得到

$$\log_{10}(100 \times 1{,}000) = \log_{10}100 + \log_{10}1{,}000$$

將除法轉換為減法！

$\log_{10}(100{,}000 \div 100) = \log_{10}100{,}000 - \log_{10}100$

接下來讓我們來看看對數定律②，以 1,000 為例，1,000 是 10^3，所以 $\log_{10}1{,}000 = 3$。而 1,000 也是 $100{,}000 \div 100$，所以 $\log_{10}1{,}000 = \log_{10}(100{,}000 \div 100) = 3$。

另一方面，100,000 是 10^5，100 是 10^2，所以 $\log_{10}100{,}000 = 5$，$\log_{10}100 = 2$。此外，$\log_{10}100{,}000 - \log_{10}100 = 3$。在此，請各位回想一下剛才已經確認過 $\log_{10}(100{,}000 \div 100) = 3$。

對數定律②

對數定律②若以一般式來表示的話，就是 $\log_a(M \div N) = \log_a M - \log_a N$。
右頁所示為對數定律②的實例。

對數定律②

$$\log_a(M \div N) = \log_a M - \log_a N$$

除法　　　　　減法

換句話說，$\log_{10}(100{,}000 \div 100) =$
$\log_{10}100{,}000 - \log_{10}100$。

　這就意味了除法的對數可以轉換成減法的對數。若以一般式來表示的話，就是 $\log_a(M \div N) = \log_a M - \log_a N$，此為對數定律②。

　利用對數，可以將乘法轉換成加法，除法轉換成減法，這全拜對數定律①與對數定律②之賜（具體的計算例請看 60～65 頁介紹）。

對數定律②的實例

想想1,000這個數字吧！
1,000是10^3，而1,000也是100,000÷100。

$$\log_{10}1{,}000 = \log_{10}10^3 = 3$$

$$\log_{10}1{,}000 = \log_{10}(100{,}000 \div 100) = 3 \quad \cdots\cdots ❶$$

另一方面，$\log_{10}100{,}000 = 5$，$\log_{10}100 = 2$。

$$\log_{10}100{,}000 - \log_{10}100 = 3 \quad \cdots\cdots ❷$$

因此，由❶和❷得到

$$\log_{10}(100{,}000 \div 100) = \log_{10}100{,}000 - \log_{10}100$$

將「乘冪」轉換為簡單的乘法！

$$\log_{10}100^2 = 2 \times \log_{10}100$$

最後，讓我們來看看對數定律③。

讓我們思考一下 100 與 100^2 吧！因為 $100 = 10^2$，$100^2 = 10^4$，所以 $\log_{10}100 = 2$，$\log_{10}100^2 = 4$。

另一方面，$2 \times \log_{10}100 = 4$。換句話說，$\log_{10}100^2 = 2 \times \log_{10}100$。

這就意味了可將乘冪的對數轉換成簡單的乘法。若以一般式來表示的話，就是 $\log_a M^k = k \times \log_a M$，此為對數定律③。

對數定律③

對數定律③若以一般式來表示的話，就是 $\log_a M^k = k \times \log_a M$。

右頁所示為對數定律③的實例。

對數定律③

$$\log_a M^k = k \times \log_a M$$

乘冪　　　　簡單的乘法

利用對數可以將乘冪轉換成簡單的乘法，這是拜對數定律③之賜。

　　以前面提過成倍增加的米粒問題為例，其中出現的 2^{29} 這樣的計算，若使用對數定律③的話，一下子就能求出近似值。對數定律③在求乘冪、平方根（一數自乘，剛好等於某數，則此數即為某數的平方根）之際，能夠發揮絕大的威力（具體的計算例請看 60 ～ 65 頁說明）。

對數定律③的實例

思考一下100與100^2吧！
$100 = 10^2$，$100^2 = 10^4$。

$$\log_{10} 100 = \log_{10} 10^2 = 2$$

$$\log_{10} 100^2 = \log_{10} 10^4 = 4$$

另一方面，$2 \times \log_{10} 100 = 2 \times 2 = 4$。

因此，

$$\log_{10} 100^2 = 2 \times \log_{10} 100$$

計算尺的刻度是「對數」刻度！

與原點的距離是以 10為底的對數

從頭看到這裡，應該可以理解使用計算尺能夠簡化計算的理由了。首先，讓我們來看看計算尺的刻度。

計算尺的刻度為間隔並不相等的「對數刻度」（logarithmic scale）。這是從原點開始，在距離方面採用以 10 為底的對數值作為刻度。而以 10 為底的對數則稱為「常用對數」（common logarithm）。

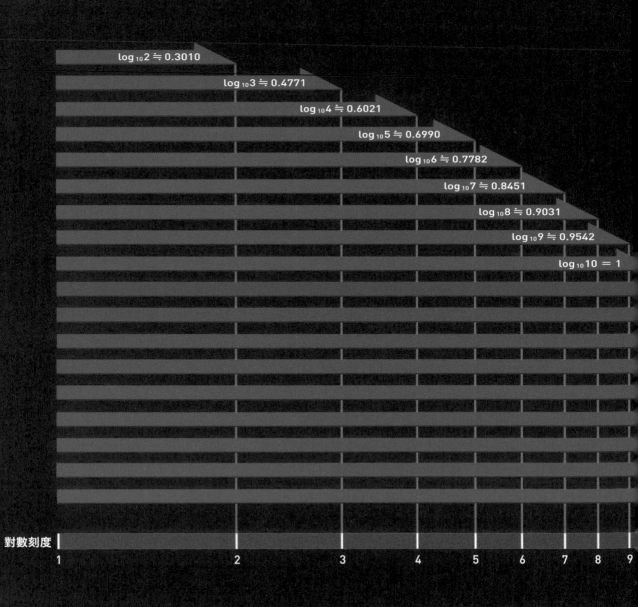

$\log_{10} 2 \fallingdotseq 0.3010$

$\log_{10} 3 \fallingdotseq 0.4771$

$\log_{10} 4 \fallingdotseq 0.6021$

$\log_{10} 5 \fallingdotseq 0.6990$

$\log_{10} 6 \fallingdotseq 0.7782$

$\log_{10} 7 \fallingdotseq 0.8451$

$\log_{10} 8 \fallingdotseq 0.9031$

$\log_{10} 9 \fallingdotseq 0.9542$

$\log_{10} 10 = 1$

對數刻度

1　　2　　3　　4　　5　　6　　7　8　9

對數刻度的原點刻度為 1。刻度的訂定方式為從刻度 1 到刻度 2 的距離為 $\log_{10}2$，從刻度 1 到刻度 3 的距離為 $\log_{10}3$，從刻度 1 到刻度 4 的距離為 $\log_{10}4$，從刻度 1 到刻度 5 的距離為 $\log_{10}5$，……。

對數刻度在處理位數非常大範圍的數字時相當方便，常被運用在各式各樣的場合。

「小數次方」也沒有關係

插圖中有許多像「$\log_{10}2 \fallingdotseq 0.3010$」這類對數值出現小數的情況。$\log_{10}2 \fallingdotseq 0.3010$ 係表示 $10^{0.3010} \fallingdotseq 2$。乍看之下，也許會有頗為奇妙的感覺，然而只要將「小數次方」的部分化為分數來看即可。

例如 $2^{0.5} = 2^{\frac{1}{2}}$。若將 $2^{\frac{1}{2}}$ 予以平方，則 $(2^{\frac{1}{2}})^2 = 2^{(\frac{1}{2} \times 2)} = 2^1 = 2$，因此 $2^{\frac{1}{2}} = \sqrt{2}$，為 2 的平方根。又，若是 $2^{0.4}$ 的話，$2^{0.4} = 2^{\frac{2}{5}} = (\sqrt[5]{2})^2$，為（2 的 5 次方根）的 2 次方。

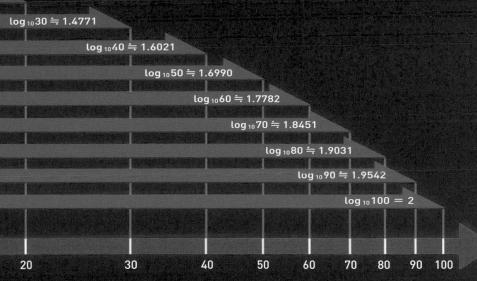

$\log_{10}20 \fallingdotseq 1.3010$

$\log_{10}30 \fallingdotseq 1.4771$

$\log_{10}40 \fallingdotseq 1.6021$

$\log_{10}50 \fallingdotseq 1.6990$

$\log_{10}60 \fallingdotseq 1.7782$

$\log_{10}70 \fallingdotseq 1.8451$

$\log_{10}80 \fallingdotseq 1.9031$

$\log_{10}90 \fallingdotseq 1.9542$

$\log_{10}100 = 2$

20　30　40　50　60　70　80　90　100

為什麼計算尺能計算出「2×3」的答案呢？

計算尺的加法
是對數的加法

現在，讓我們來揭曉以計算尺計算「2×3」的方法（30～31頁）。

一開始，讓我們先將 2×3 做為以 10 為底之對數的真數。根據對數定律①，$\log_{10}(2 \times 3) = \log_{10}2 + \log_{10}3$。在此假設 $\log_{10}(2 \times 3) = \log_{10}2 + \log_{10}3 = \log_{10}\square$。此時，請比較 $\log_{10}(2 \times 3) = \log_{10}\square$ 的兩邊，應該會發現 2×3＝□。計算尺就是利用求□的數字來導出計算的答案。

計算步驟

將 C 尺左端的「1」對齊 D 尺的「2」，讀取 C 尺「3」正下方的 D 尺數值「6」，這就是答案。

不過因為包括了刻度誤差和讀取刻度之際的誤差，所以使用計算尺所得到的答案為近似值。

$\log_{10}2$

C尺 ──

D尺 ──

1.5

將「2×3」做為以 10 為底之對數的真數。$\log_{10}(2 \times 3)$

根據對數定律①，$\log_{10}(2 \times 3) = \log_{10}2 + \log_{10}3$

假設 $\log_{10}(2 \times 3) = \log_{10}2 + \log_{10}3 = \log_{10}\square$。則 2×3 的答案為□的數。　……❶

從 D 尺原點 1 到刻度 2 的距離（紅色線長度）為 $\log_{10}2$。

從 C 尺原點 1 到刻度 3 的距離（橘色線長度）為 $\log_{10}3$。

$\log_{10}2 + \log_{10}3$（紅色線長度＋橘色線長度）為

從 D 尺的原點 1 到 C 尺刻度 3 之正下方的距離（綠色線長度）　……❷

首先在「D尺」中找出「2×3」中之「2」的刻度位置。因為刻度是對數刻度，所以與原點「1」的距離為$\log_{10}2$。接下來，將「C尺」原點「1」的位置對齊前面找到的D尺「2」，然後再找出C尺中「3」的刻度位置。這一連串的動作就是在進行D尺的$\log_{10}2$與C尺的$\log_{10}3$的加法運算。

在這裡，讀取C尺「3」位置正下方的D尺刻度。該動作等同於讀取$\log_{10}2 + \log_{10}3 = \log_{10}\square$中之$\square$的數字。在本例中，讀取到的結果為$\square$＝6。這個「6」就是答案。

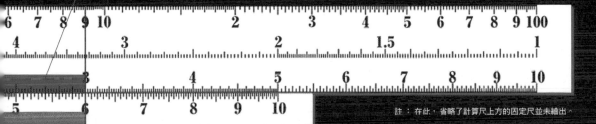

註：在此，省略了計算尺上方的固定尺並未繪出。

位在C尺刻度3正下方的數值是D尺的「6」。

從D尺的原點1到C尺刻度3之正下方的距離（綠色線長度）為$\log_{10}6$。 ……③

從①、②和③可知，$\log_{10}(2\times3) = \log_{10}2 + \log_{10}3 = \log_{10}6$

比較$\log_{10}(2\times3) = \log_{10}6$兩邊的真數部分。

$$2 \times 3 = 6$$

因此，「2×3」的答案為「6」

為什麼計算尺可以計算出「36×42」的答案呢？

計算尺的減法是對數的除法

接 下來讓我們來揭曉以計算尺計算「36×42」的方法（32～33頁）。

首先，因為 C 尺和 D 尺的數值範圍只有 1～10，因此必須暫時將 36 和 42 視為「3.6」和「4.2」來計算。但是在最後階段無法讀取 D 尺的值而宣告失敗。

接下來改將 36×42 以「3.6×4.2÷10」的形式來計算。根據對數定律①

$\log_{10}4.2$

B尺　C尺　C尺

D尺

註：在此，省略了計算尺上方的固定尺並未繪出

由於 C 尺與 D 尺的刻度僅 1～10，因此必須先將「36×42」視為「3.6×4.2」。

將想要計算的「3.6×4.2」轉化成以 10 為底之對數的真數。

$$\log_{10}(3.6\times4.2)$$

根據對數定律①，$\log_{10}(3.6\times4.2)=\log_{10}3.6+\log_{10}4.2$

$\log_{10}3.6 + \log_{10}4.2$（紅色線長度＋橘色線長度）

為從 D 尺的原點 1 到 C 尺刻度 4.2 之正下方的距離（綠色線長度）。

不過，由於 $\log_{10}3.6 + \log_{10}4.2$（紅色線長度＋橘色線長度）超出 D 尺的範圍，

因此無法讀取。此稱為「超出範圍」而失敗。

由於超出範圍，因此必須將 36×42 改以「3.6×4.2÷10」的形式來計算。

將所欲計算的「3.6×4.2÷10」轉化成以 10 為底之對數的真數。

$$\log_{10}(3.6\times4.2\div10)$$

根據對數定律①和對數定律②，

$$\log_{10}(3.6\times4.2\div10)=\log_{10}3.6+\log_{10}4.2-\log_{10}10$$

計算步驟 1

C 尺左端的「1」對齊 D 尺的「3.6」，讀取位於 C 尺「4.2」正下方之 D 尺的值（此時因無法讀取而宣告失敗）。

計算步驟 2

C 尺的刻度「10」與 D 尺的刻度「3.6」對齊，尋找位於 C 尺刻度「4.2」正下方的 D 尺值，此時所讀取到的值為「約 1.51」。調整位數，得到的答案為「約 1510」。

和對數定律②，$\log_{10}(3.6\times4.2\div10)$ $=\log_{10}3.6+\log_{10}4.2-\log_{10}10$。再者，可以變形為 $\log_{10}3.6-(\log_{10}10-\log_{10}4.2)$。

C 尺的刻度「10」與 D 尺的刻度「3.6」對齊，尋找 C 尺的刻度「4.2」。此步驟相當於從 D 尺的 $\log_{10}3.6$ 減去 C 尺的（$\log_{10}10-\log_{10}4.2$）。

位在 C 尺「4.2」刻度正下方之 D 尺的值，經讀取差不多是 1.51。因

$3.6\times4.2\div10 \fallingdotseq 1.51$，由此可以得知 36×42 的答案為「約 1510」。

C 尺　　　　　　　D 尺

再者，可以變形為 $\log_{10}3.6+\log_{10}4.2-\log_{10}10=\log_{10}3.6-(\log_{10}10-\log_{10}4.2)$。

假設 $\log_{10}(3.6\times4.2\div10)=\log_{10}3.6-(\log_{10}10-\log_{10}4.2)=\log_{10}\square$，於是「$3.6\times4.2\div10$」的答案即為□的數。 ……❶

將 C 尺的刻度「10」與 D 尺的刻度「3.6」對齊，尋找 C 尺的刻度「4.2」。

從 D 尺原點 1 到刻度 3.6 的距離（紅色線長度）為 $\log_{10}3.6$。

從 C 尺原點 1 到刻度 4.2 的距離（橘色線長度）為 $\log_{10}4.2$。

從 C 尺的刻度 10 到刻度「4.2」的距離（紫色線長度）為 $(\log_{10}10-\log_{10}4.2)$。

$\log_{10}3.6-(\log_{10}10-\log_{10}4.2)$（紅色線長度－紫色線長度）為

從 D 尺的原點 1 到 C 尺刻度 4.2 之正下方的距離（綠色線長度） ……❷

讀取位在 C 尺刻度 4.2 正下方的 D 尺刻度，得到的值是「約 1.51」。

從 D 尺的原點 1 到 C 尺刻度 4.2 之正下方的距離（綠色線長度）為約 $\log_{10}1.51$。 ……❸

從 ❶、❷ 和 ❸ 可知，$\log_{10}(3.6\times4.2\div10)=\log_{10}3.6-(\log_{10}10-\log_{10}4.2)\fallingdotseq\log_{10}1.51$

比較 $\log_{10}(3.6\times4.2\div10)\fallingdotseq\log_{10}1.51$ 兩邊真數的部分。

$3.6\times4.2\div10\fallingdotseq1.51$

因此，最後得到 36×42 的答案為約 1510（實際是 1512）。

Coffee Break

被帶到太空船中的計算尺

計算尺在電腦和電子計算器（electronic calculator）尚未普及的時代（1960 年代左右），一直都是科學家和技術人員的必需品。右為在 1966 年拍攝到的，在環繞地球軌道運行之太空船「雙子星 12 號」（Gemini XII）的內部照片。

照片中央就是在無重力狀態下，漂浮在太空人艾德林（Buzz Aldrin，1930 ～）眼前的計算尺，或許他正在進行什麼計算也說不定。人類之所以能夠迎接太空時代的到來，全拜能將複雜計算以簡單的方式得出解答的計算尺之賜。

此外，艾德林太空人就是後來在 1969 年人類第一次成功登陸月球的「阿波羅 11 號」太空船的乘員之一。想必計算尺也被帶到阿波羅 11 號太空船中使用了。

利用「常用對數表」進行運算

常用對數表是以 10 為底的對數一覽表

利用對數將計算簡化，也可以使用「常用對數表」來進行。所謂常用對數表就是以 10 為底之對數（常用對數）的一覽表。使用位數多的常用對數表，可以進行更正確的計算。

常用對數表左端的數字是所欲知道之對數值的真數整數部分和小數點第 1 位；表上端列所表示的是真數的小數點第 2 位。兩者交叉部分的數字就

數	0	1	2	3	4	5	6	7	8	9
1.0	0.0000	0.0043	0.0086	0.0128	0.0170	0.0212	0.0253	0.0294	0.0334	0.0374
1.1	0.0414	0.0453	0.0492	0.0531	0.0569	0.0607	0.0645	0.0682	0.0719	0.0755
1.2	0.0792	0.0828	0.0864	0.0899	0.0934	0.0969	0.1004	0.1038	0.1072	0.1106
1.3	0.1139	0.1173	0.1206	0.1239	0.1271	0.1303	0.1335	0.1367	0.1399	0.1430
1.4	0.1461	0.1492	0.1523	0.1553	0.1584	0.1614	0.1644	0.1673	0.1703	0.1732
1.5	0.1761	0.1790	0.1818	0.1847	0.1875	0.1903	0.1931	0.1959	0.1987	0.2014
1.6	0.2041	0.2068	0.2095	0.2122	0.2148	0.2175	0.2201	0.2227	0.2253	0.2279
1.7	0.2304	0.2330	0.2355	0.2380	0.2405	0.2430	0.2455	0.2480	0.2504	0.2529
1.8	0.2553	0.2577	0.2601	0.2625	0.2648	0.2672	0.2695	0.2718	0.2742	0.2765
1.9	0.2788	0.2810	0.2833	0.2856	0.2878	0.2900	0.2923	0.2945	0.2967	0.2989
2.0	0.3010	0.3032	0.3054	0.3075	0.3096	0.3118	0.3139	0.3160	0.3181	0.3201
2.1	0.3222	0.3243	0.3263	0.3284	0.3304	0.3324	0.3345	0.3365	0.3385	0.3404
2.2	0.3424	0.3444	0.3464	0.3483	0.3502	0.3522	0.3541	0.3560	0.3579	0.3598
2.3	0.3617	0.3636	0.3655	0.3674	0.3692	0.3711	0.3729	0.3747	0.3766	0.3784
2.4	0.3802	0.3820	0.3838	0.3856	0.3874	0.3892	0.3909	0.3927	0.3945	0.3962
2.5	0.3979	0.3997	0.4014	0.4031	0.4048	0.4065	0.4082	0.4099	0.4116	0.4133
2.6	0.4150	0.4166	0.4183	0.4200	0.4216	0.4232	0.4249	0.4265	0.4281	0.4298
2.7	0.4314	0.4330	0.4346	0.4362	0.4378	0.4393	0.4409	0.4425	0.4440	0.4456
2.8	0.4472	0.4487	0.4502	0.4518	0.4533	0.4548	0.4564	0.4579	0.4594	0.4609
2.9	0.4624	0.4639	0.4654	0.4669	0.4683	0.4698	0.4713	0.4728	0.4742	0.4757
3.0	0.4771	0.4786	0.4800	0.4814	0.4829	0.4843	0.4857	0.4871	0.4886	0.4900
3.1	0.4914	0.4928	0.4942	0.4955	0.4969	0.4983	0.4997	0.5011	0.5024	0.5038
3.2	0.5051	0.5065	0.5079	0.5092	0.5105	0.5119	0.5132	0.5145	0.5159	0.5172
3.3	0.5185	0.5198	0.5211	0.5224	0.5237	0.5250	0.5263	0.5276	0.5289	0.5302
3.4	0.5315	0.5328	0.5340	0.5353	0.5366	0.5378	0.5391	0.5403	0.5416	0.5428
3.5	0.5441	0.5453	0.5465	0.5478	0.5490	0.5502	0.5514	0.5527	0.5539	0.5551
3.6	0.5563	0.5575	0.5587	0.5599	0.5611	0.5623	0.5635	0.5647	0.5658	0.5670
3.7	0.5682	0.5694	0.5705	0.5717	0.5729	0.5740	0.5752	0.5763	0.5775	0.5786
3.8	0.5798	0.5809	0.5821	0.5832	0.5843	0.5855	0.5866	0.5877	0.5888	0.5899
3.9	0.5911	0.5922	0.5933	0.5944	0.5955	0.5966	0.5977	0.5988	0.5999	0.6010
4.0	0.6021	0.6031	0.6042	0.6053	0.6064	0.6075	0.6085	0.6096	0.6107	0.6117
4.1	0.6128	0.6138	0.6149	0.6160	0.6170	0.6180	0.6191	0.6201	0.6212	0.6222
4.2	0.6232	0.6243	0.6253	0.6263	0.6274	0.6284	0.6294	0.6304	0.6314	0.6325
4.3	0.6335	0.6345	0.6355	0.6365	0.6375	0.6385	0.6395	0.6405	0.6415	0.6425
4.4	0.6435	0.6444	0.6454	0.6464	0.6474	0.6484	0.6493	0.6503	0.6513	0.6522
4.5	0.6532	0.6542	0.6551	0.6561	0.6571	0.6580	0.6590	0.6599	0.6609	0.6618
4.6	0.6628	0.6637	0.6646	0.6656	0.6665	0.6675	0.6684	0.6693	0.6702	0.6712
4.7	0.6721	0.6730	0.6739	0.6749	0.6758	0.6767	0.6776	0.6785	0.6794	0.6803
4.8	0.6812	0.6821	0.6830	0.6839	0.6848	0.6857	0.6866	0.6875	0.6884	0.6893
4.9	0.6902	0.6911	0.6920	0.6928	0.6937	0.6946	0.6955	0.6964	0.6972	0.6981
5.0	0.6990	0.6998	0.7007	0.7016	0.7024	0.7033	0.7042	0.7050	0.7059	0.7067
5.1	0.7076	0.7084	0.7093	0.7101	0.7110	0.7118	0.7126	0.7135	0.7143	0.7152
5.2	0.7160	0.7168	0.7177	0.7185	0.7193	0.7202	0.7210	0.7218	0.7226	0.7235
5.3	0.7243	0.7251	0.7259	0.7267	0.7275	0.7284	0.7292	0.7300	0.7308	0.7316
5.4	0.7324	0.7332	0.7340	0.7348	0.7356	0.7364	0.7372	0.7380	0.7388	0.7396

是相應該真數的常用對數值。下面介紹的常用對數表係對應 1.00 到 9.99 的真數。

使用計算尺進行計算儘管方便，但是會有某種程度之誤差的弱點。在製作計算尺的階段當然有誤差，不過在讀取刻度時的誤差也無法完全避免。

從下一頁開始，就讓我們使用常用對數表實際計算看看吧！

常用對數表

常用對數表左端是真數的整數部分與小數點第 1 位，上端為小數點第 2 位的數字。兩者交叉部分的數字即為對應該真數之以 10 為底的對數（常用對數）。舉例來說，$\log_{10}1.31$ 的對數值，首先從表左端行（紅色框線）找出真數 1.31 之整數部分和小數點第 1 位的「1.3」，其次從表之上端列（藍色框線）找出「1.31」之小數點第 2 位的「1」。位在「1.3」行和「1」列之交叉位置（橘色框線）的「0.1173」，就是想要知道的對數值。

數	0	1	2	3	4	5	6	7	8	9
5.5	0.7404	0.7412	0.7419	0.7427	0.7435	0.7443	0.7451	0.7459	0.7466	0.7474
5.6	0.7482	0.7490	0.7497	0.7505	0.7513	0.7520	0.7528	0.7536	0.7543	0.7551
5.7	0.7559	0.7566	0.7574	0.7582	0.7589	0.7597	0.7604	0.7612	0.7619	0.7627
5.8	0.7634	0.7642	0.7649	0.7657	0.7664	0.7672	0.7679	0.7686	0.7694	0.7701
5.9	0.7709	0.7716	0.7723	0.7731	0.7738	0.7745	0.7752	0.7760	0.7767	0.7774
6.0	0.7782	0.7789	0.7796	0.7803	0.7810	0.7818	0.7825	0.7832	0.7839	0.7846
6.1	0.7853	0.7860	0.7868	0.7875	0.7882	0.7889	0.7896	0.7903	0.7910	0.7917
6.2	0.7924	0.7931	0.7938	0.7945	0.7952	0.7959	0.7966	0.7973	0.7980	0.7987
6.3	0.7993	0.8000	0.8007	0.8014	0.8021	0.8028	0.8035	0.8041	0.8048	0.8055
6.4	0.8062	0.8069	0.8075	0.8082	0.8089	0.8096	0.8102	0.8109	0.8116	0.8122
6.5	0.8129	0.8136	0.8142	0.8149	0.8156	0.8162	0.8169	0.8176	0.8182	0.8189
6.6	0.8195	0.8202	0.8209	0.8215	0.8222	0.8228	0.8235	0.8241	0.8248	0.8254
6.7	0.8261	0.8267	0.8274	0.8280	0.8287	0.8293	0.8299	0.8306	0.8312	0.8319
6.8	0.8325	0.8331	0.8338	0.8344	0.8351	0.8357	0.8363	0.8370	0.8376	0.8382
6.9	0.8388	0.8395	0.8401	0.8407	0.8414	0.8420	0.8426	0.8432	0.8439	0.8445
7.0	0.8451	0.8457	0.8463	0.8470	0.8476	0.8482	0.8488	0.8494	0.8500	0.8506
7.1	0.8513	0.8519	0.8525	0.8531	0.8537	0.8543	0.8549	0.8555	0.8561	0.8567
7.2	0.8573	0.8579	0.8585	0.8591	0.8597	0.8603	0.8609	0.8615	0.8621	0.8627
7.3	0.8633	0.8639	0.8645	0.8651	0.8657	0.8663	0.8669	0.8675	0.8681	0.8686
7.4	0.8692	0.8698	0.8704	0.8710	0.8716	0.8722	0.8727	0.8733	0.8739	0.8745
7.5	0.8751	0.8756	0.8762	0.8768	0.8774	0.8779	0.8785	0.8791	0.8797	0.8802
7.6	0.8808	0.8814	0.8820	0.8825	0.8831	0.8837	0.8842	0.8848	0.8854	0.8859
7.7	0.8865	0.8871	0.8876	0.8882	0.8887	0.8893	0.8899	0.8904	0.8910	0.8915
7.8	0.8921	0.8927	0.8932	0.8938	0.8943	0.8949	0.8954	0.8960	0.8965	0.8971
7.9	0.8976	0.8982	0.8987	0.8993	0.8998	0.9004	0.9009	0.9015	0.9020	0.9025
8.0	0.9031	0.9036	0.9042	0.9047	0.9053	0.9058	0.9063	0.9069	0.9074	0.9079
8.1	0.9085	0.9090	0.9096	0.9101	0.9106	0.9112	0.9117	0.9122	0.9128	0.9133
8.2	0.9138	0.9143	0.9149	0.9154	0.9159	0.9165	0.9170	0.9175	0.9180	0.9186
8.3	0.9191	0.9196	0.9201	0.9206	0.9212	0.9217	0.9222	0.9227	0.9232	0.9238
8.4	0.9243	0.9248	0.9253	0.9258	0.9263	0.9269	0.9274	0.9279	0.9284	0.9289
8.5	0.9294	0.9299	0.9304	0.9309	0.9315	0.9320	0.9325	0.9330	0.9335	0.9340
8.6	0.9345	0.9350	0.9355	0.9360	0.9365	0.9370	0.9375	0.9380	0.9385	0.9390
8.7	0.9395	0.9400	0.9405	0.9410	0.9415	0.9420	0.9425	0.9430	0.9435	0.9440
8.8	0.9445	0.9450	0.9455	0.9460	0.9465	0.9469	0.9474	0.9479	0.9484	0.9489
8.9	0.9494	0.9499	0.9504	0.9509	0.9513	0.9518	0.9523	0.9528	0.9533	0.9538
9.0	0.9542	0.9547	0.9552	0.9557	0.9562	0.9566	0.9571	0.9576	0.9581	0.9586
9.1	0.9590	0.9595	0.9600	0.9605	0.9609	0.9614	0.9619	0.9624	0.9628	0.9633
9.2	0.9638	0.9643	0.9647	0.9652	0.9657	0.9661	0.9666	0.9671	0.9675	0.9680
9.3	0.9685	0.9689	0.9694	0.9699	0.9703	0.9708	0.9713	0.9717	0.9722	0.9727
9.4	0.9731	0.9736	0.9741	0.9745	0.9750	0.9754	0.9759	0.9763	0.9768	0.9773
9.5	0.9777	0.9782	0.9786	0.9791	0.9795	0.9800	0.9805	0.9809	0.9814	0.9818
9.6	0.9823	0.9827	0.9832	0.9836	0.9841	0.9845	0.9850	0.9854	0.9859	0.9863
9.7	0.9868	0.9872	0.9877	0.9881	0.9886	0.9890	0.9894	0.9899	0.9903	0.9908
9.8	0.9912	0.9917	0.9921	0.9926	0.9930	0.9934	0.9939	0.9943	0.9948	0.9952
9.9	0.9956	0.9961	0.9965	0.9969	0.9974	0.9978	0.9983	0.9987	0.9991	0.9996

如何計算131×219× 563×608呢？

使用對數定律①
將乘法轉換成加法

面讓我們利用常用對數表計算像「131×219×563×608」這種一般性的乘法看看吧！

使用常用對數表的基本原理跟使用計算尺是一樣的，首先將 131×219×563×608 轉換為以 10 為底之對數的真數。然後利用對數定律①將乘法轉換成加法。

具體的操作為，$\log_{10}$（131×219×563×608）= $\log_{10}131 + \log_{10}219 +$

計算「131×219×563×608」時

將 131×219×563×608 表示成以 10 為底之對數的真數，亦即利用對數定律①將乘法轉換成加法，然後從常用對數表讀取常用對數予以代入。

將所欲計算的「131×219×563×608」表示成以 10 為底之對數的真數。

$$\log_{10}(131 \times 219 \times 563 \times 608)$$

因為本次所使用的常用對數表真數值在 1.00 ～ 9.99 的範圍，所以必須調整
131×219×563×608 的位數控制在此範圍內。
然後再利用對數定律①將乘法轉換為加法。

$$\log_{10}(131 \times 219 \times 563 \times 608)$$

$$= \log_{10}\{(1.31 \times 10^2) \times (2.19 \times 10^2) \times (5.63 \times 10^2) \times (6.08 \times 10^2)\} \quad \text{◀ 調整位數}$$

$$= \log_{10}(1.31 \times 2.19 \times 5.63 \times 6.08 \times 10^8) \quad \text{◀ 根據指數定律①}$$

$$= \log_{10}1.31 + \log_{10}2.19 + \log_{10}5.63 + \log_{10}6.08 + \log_{10}10^8 \quad \text{◀ 根據對數定律①}$$

$$= \log_{10}1.31 + \log_{10}2.19 + \log_{10}5.63 + \log_{10}6.08 + 8 \quad \cdots\cdots \bullet$$

根據對數定律③，$\log_{10}10^8 = 8 \times \log_{10}10$。
又，因 $\log_{10}10 = 1$，所以 $\log_{10}10^8 = 8$。

$\log_{10}563 + \log_{10}608$。接著調整位數，變形成 $\log_{10}1.31 + \log_{10}2.19 + \log_{10}5.63 + \log_{10}6.08 + \log_{10}10^8$。

變形過的式子，可自常用對數表讀取常用對數，轉換成 $0.1173 + 0.3404 + 0.7505 + 0.7839 + 8$。在得到最終答案的過程中，必須用到的計算事實上只有加法。原本的乘法越複雜，越能發揮利用對數定律①簡化計算的威力。

在此，從常用對數表讀取 $\log_{10}1.31$、$\log_{10}2.19$、$\log_{10}5.63$、$\log_{10}6.08$ 的值，代入❶中，則

$\log_{10}(131 \times 219 \times 563 \times 608)$

$\doteqdot 0.1173 + 0.3404 + 0.7505 + 0.7839 + 8$

將從常用對數表中讀取的數值相加，本例須進行計算的部分其實只有這裡。

$= 1.9921 + 8 = 0.9921 + 9$ ……❷

因常用對數表的值比 1 小，故需分成小數點以下的部分和整數部分。

這裡，從表中讀取常用對數值與 0.9921 相近的真數值，於是得知 $0.9921 \doteqdot \log_{10}9.82$。將 $0.9921 \doteqdot \log_{10}9.82$ 代入❷。

$\log_{10}(131 \times 219 \times 563 \times 608) \doteqdot \log_{10}9.82 + 9$

$= \log_{10}9.82 + \log_{10}10^9$

因 $\log_{10}10 = 1$，所以 $9 = 9 \times \log_{10}10$。再者，根據對數定律③，$9 \times \log_{10}10 = \log_{10}10^9$，因此 $9 = \log_{10}10^9$。

$= \log_{10}(9.82 \times 10^9)$

根據對數定律①

比較這裡所得到之 $\log_{10}(131 \times 219 \times 563 \times 608) \doteqdot \log_{10}(9.82 \times 10^9)$ 兩邊的真數部分，則

$131 \times 219 \times 563 \times 608 \doteqdot 9.82 \times 10^9 = 9820000000$

因此，「$131 \times 219 \times 563 \times 608$」的答案為「約 9820000000」（實際答案為 9820359456）

如何計算「2 的 29 次方」呢？

利用對數定律③將乘冪轉換成簡單的乘法

計算「2^{29}」時

將 2^{29} 表示成以 10 為底之對數的真數。根據對數定律③將乘冪轉換成簡單的乘法，從常用對數表讀取相應的常用對數代入。

所欲計算的「2^{29}」轉換成以 10 為底之對數的真數。

$$\log_{10} 2^{29}$$

根據對數定律③，

$$\log_{10} 2^{29} = 29 \times \log_{10} 2 \quad \cdots\cdots ❶$$

在此，從常用對數表讀取到 $\log_{10} 2$ 的值為 0.3010。
代入❶。

$$\log_{10} 2^{29} \fallingdotseq 29 \times 0.3010$$

> 其實需要計算的部分只有這裡。

$$= 8.7290$$

$$= 0.7290 + 8 \quad \cdots\cdots ❷$$

> 因常用對數表的值比 1 小，故需分成小數點以下的部分和整數部分。

接下來，讓我們使用常用對數表嘗試來計算在米粒問題中出現之「2^{29}」（12～13頁）吧！

在這個例子中，必須先將2^{29}轉換成以10為底之對數的真數。然後根據對數定律③，將乘冪轉換成簡單的乘法。具體來說，就是$\log_{10}(2^{29})$ $= 29 \times \log_{10}2$。

從常用對數表讀取常用對數值，則29$\times \log_{10}2 = 29 \times 0.3010$。在得到最終答案的過程中，必須進行的計算僅有乘法而已。

由於利用對數定律③能將乘冪轉換成簡單的乘法，因此不用經過繁瑣的2^{29}的計算，很容易就能得到答案。詳細的計算方法請看下面說明。

從表中讀取常用對數值與 0.7290 相近的真數值，於是得知 $0.7290 \fallingdotseq \log_{10}5.36$ 將 $0.7290 \fallingdotseq \log_{10}5.36$ 代入 ❷。

$$\log_{10}2^{29} \fallingdotseq \log_{10}5.36 + 8$$

$$= \log_{10}5.36 + 8 \times \log_{10}10 \quad \boxed{\text{根據} \log_{10}10 = 1}$$

$$= \log_{10}5.36 + \log_{10}10^8 \quad \boxed{\text{根據對數定律③}}$$

$$= \log_{10}(5.36 \times 10^8) \quad \boxed{\text{根據對數定律①}}$$

在此，比較得到的 $\log_{10}2^{29} \fallingdotseq \log_{10}(5.36 \times 10^8)$ 兩邊的真數部分。

$$2^{29} \fallingdotseq 5.36 \times 10^8 = 536000000$$

因此，「2^{29}」的答案為「約 536000000」（實際答案為 536870912）

如何計算「2的12次方根」呢？

利用對數定律③將乘冪轉換成簡單的乘法

最後要介紹的是使用常用對數表計算「2 的 12 次方根」的方法。

一開始先將 2 的 12 次方根代換成「r」這個字母。2 的 12 次方根就是自乘 12 次後答案為 2 的數，亦即$r^{12}=2$。方根的計算，首先將該計算式的兩邊轉換成以 10 為底之對數的真數。然後利用對數定律③將乘冪轉變成簡單的乘法。

計算「2 的 12 次方根」時

將 2 的 12 次方根代換成「r」這個字母，亦即「$r^{12}=2$」。將兩邊轉換成以 10 為底之對數的真數，利用對數定律③將乘冪轉變成簡單的乘法，從常用對數表讀取常用對數代入式中。

將所欲計算之「2 的 12 次方根」設為「r」。

由於 2 的 12 次方根是自乘 12 次後結果為 2 的數，因此

$$r^{12} = 2 \quad \cdots\cdots❶$$

將❶的兩邊轉換成以 10 為底之對數的真數來表示。

$$\log_{10}r^{12} = \log_{10}2 \quad \cdots\cdots❷$$

根據對數定律③，

$$\log_{10}r^{12} = 12 \times \log_{10}r \quad \cdots\cdots❸$$

將❸代入❷中，則

$$12 \times \log_{10}r = \log_{10}2$$

$$\log_{10}r = (\log_{10}2) \div 12 \quad \cdots\cdots❹$$

具體的做法是 $\log_{10}(r^{12}) = \log_{10}2$，可轉換成 $12 \times \log_{10}r = \log_{10}2$。再者，還能轉換成 $\log_{10}r = (\log_{10}2) \div 12$。

使用常用對數表讀取 $(\log_{10}2) \div 12$ 的常用對數，結果為 $0.3010 \div 12$。在得到最後答案的過程中，所需用到的計算事實上就只有除法。

由於利用對數定律③可將乘冪轉換成簡單的乘法，因此像 2 的 12 次方根這類困難的計算題，也能簡單算出答案。

在此，根據常用對數表，$\log_{10}2$ 的值為 0.3010。將之代入❹中。

$$\log_{10}r \fallingdotseq 0.3010 \div 12$$

$$\fallingdotseq 0.0251 \quad \cdots\cdots ❺$$

其實需要計算的部分只有這裡

在此，從常用對數表中讀取常用對數值與 0.0251 相近的真數值，
獲知 $0.0251 \fallingdotseq \log_{10}1.06$
將 $0.0251 \fallingdotseq \log_{10}1.06$ 代入❺中。

$$\log_{10}r \fallingdotseq \log_{10}1.06$$

比較 $\log_{10}r \fallingdotseq \log_{10}1.06$ 兩邊的真數部分。

$$r \fallingdotseq 1.06$$

因此，「2 的 12 次方根」的答案為「約 1.06」（實際答案為 1.059⋯⋯）。

歷盡艱辛完成的對數表

從發想到第一份對數表發表，總共耗費20年的時間

常用對數表的製作方式

製作常用對數表時，必須自行計算以 10 為底的對數。在此，介紹以簡單的方法製作以 10 為底，1 到 10 之正整數為真數之對數的方法。請自❶～❽依序閱讀。

為 簡化計算而使用對數時，必須要有常用對數表。計算尺的對數刻度若沒有常用對數表也做不出來。

然而，在發現對數的當時，這個世界上當然沒有對數表的存在。換句話說，對數的發明者納皮爾（34 ～ 35 頁）只能以手算的方法從零製作出對數表。納皮爾經過龐大的計算完成對數表，在他 1614 年發表《驚人的對數規則與記述》論文之前，總計花費大約 20 年的時間來思考對數。

另外，納皮爾想出來的對數，並非以 10 為底。想出以 10 為底之對數（常用對數）的人是英國的數學家暨天文學家布里格斯（Henry Briggs，1561 ～ 1630）。若是只取到小數點以下 1 ～ 2 位之精確度的話，以 10 為底的對數是比較容易求出的。

❽ $\log_{10}7$

因為 $7^2 = 49$，因此 $7^2 \fallingdotseq 50$，
兩邊取常用對數，則
$\log_{10}7^2 \fallingdotseq \log_{10}50$
將上式轉換成
$2 \times \log_{10}7 \fallingdotseq \log_{10}(5 \times 10)$
$\qquad\qquad = \log_{10}5 + \log_{10}10$
$\log_{10}5 \fallingdotseq 0.7 \cdot \log_{10}10 = 1$，
將之代入計算，則
$\log_{10}7 \fallingdotseq \dfrac{1.7}{2} = 0.85$

$\log_{10}6 \fallingdotseq 0.775$
（實際為 0.7782）

❻ $\log_{10}6$

$\log_{10}6 = \log_{10}(2 \times 3)$
$\qquad\quad = \log_{10}2 + \log_{10}3$。
$\log_{10}2 \fallingdotseq 0.3$，$\log_{10}3 \fallingdotseq 0.475$，因此
$\log_{10}6 \fallingdotseq 0.3 + 0.475 = 0.775$

$\log_{10}5 \fallingdotseq 0.7$
（實際為 0.6990）

❼ $\log_{10}5$

$\log_{10}5 = \log_{10}(10 \div 2)$。
根據對數定律②，
$\log_{10}(10 \div 2) = \log_{10}10 - \log_{10}2$。
$\log_{10}10 = 1$，$\log_{10}2 \fallingdotseq 0.3$，因此
$\log_{10}5 = \log_{10}(10 \div 2) \fallingdotseq 1 - 0.3 = 0.7$

圖中內側的圓，是以圓周分割成一般的刻度（等間隔刻度），外側的圓則是對數刻度。另外，因為 10 的 0 次方為 1，即 $\log_{10}1 = 0$，便回到對數刻度的起點（原點）1。

❸ $\log_{10}8$

跟❷一樣，
$\log_{10}8 = \log_{10}2^3 = 3\times\log_{10}2$
$\log_{10}2 \fallingdotseq 0.3$，因此
$\log_{10}8 \fallingdotseq 3\times0.3 = 0.9$

❺ $\log_{10}9$

$\log_{10}9 = \log_{10}3^2 = 2\times\log_{10}3$。
$\log_{10}3 \fallingdotseq 0.475$，因此
$\log_{10}9 \fallingdotseq 2\times0.475 = 0.95$

❶ $\log_{10}2$

$2^{10} = 1024$，因此
$2^{10} \fallingdotseq 1000 = 10^3$，
兩邊取常用對數。
$\log_{10}2^{10} \fallingdotseq \log_{10}10^3$
根據對數定律③，
$10\times\log_{10}2 \fallingdotseq 3\times\log_{10}10$
又，$\log_{10}10 = 1$，因此
$10\times\log_{10}2 \fallingdotseq 3\times1$
$\log_{10}2 \fallingdotseq \dfrac{3}{10} = 0.3$

$\log_{10}9 \fallingdotseq 0.95$
（實際為 0.9542）

$\log_{10}1 = 0$　　$\log_{10}10 = 1$
1

$\log_{10}8 \fallingdotseq 0.9$
（實際為 0.9031）

$\log_{10}7 \fallingdotseq 0.85$
（實際為 0.8451）

9

10
0
1.0

0.1

對
數
刻
度

8

0.9

7

一
般
刻
度

0.2

6

0.8

0.3

2
$\log_{10}2 \fallingdotseq 0.3$
（實際為 0.3010）

5

0.7

0.6

0.4

0.5

4

$\log_{10}4 \fallingdotseq 0.6$
（實際為 0.6021）

3
$\log_{10}3 \fallingdotseq 0.475$
（實際為 0.4771）

❷ $\log_{10}4$

根據對數定律③，
$\log_{10}4 = \log_{10}2^2 = 2\times\log_{10}2$。
$\log_{10}2 \fallingdotseq 0.3$，因此
$\log_{10}4 \fallingdotseq 2\times0.3 = 0.6$

❹ $\log_{10}3$

因為 $3^4 = 81$，所以 $3^4 \fallingdotseq 80$，兩邊取常用對數，則 $\log_{10}3^4 \fallingdotseq \log_{10}80$，
將之轉換成 $4\times\log_{10}3 \fallingdotseq \log_{10}（8\times10）= \log_{10}8 + \log_{10}10 = \log_{10}8 + 1$，
將 $\log_{10}8 \fallingdotseq 0.9$ 代入上面式子，則 $\log_{10}3 \fallingdotseq \dfrac{1.9}{4} = 0.475$

特別的數
「納皮爾數 e」
是什麼？

傳說誕生自存款的利息計算

目前為止，我們已經認識對數是非常方便的計算工具。接下來，讓我們來看看特別的數「納皮爾數 e」以及以 e 為底的「自然對數」（natural logarithm）吧！

這裡所說自然對數的底「e」數值為「2.718281⋯⋯」，是小數位無限多且不循環的無理數。據說是瑞士數學家白努利（Jakob I. Bernoulli，1654～1705）在 1683 年使用「$(1+\frac{1}{n})^n$」這

存放在銀行的存款，1 年後會變為多少呢？

將「$(1+\frac{1}{2})^n$」的 n 以 2 代入，經計算，$\frac{1}{2}$ 年（半年）後的存款金額變為 $(1+\frac{1}{2})$ 倍。$\frac{1}{2}$ 是半年後所得到的利息。半年後的存款金額變為 1 的 $(1+\frac{1}{2})$。那麼，半年後的半年後，存款金額就是 {1 的 $(1+\frac{1}{2})$ 倍} 的 $(1+\frac{1}{2})$ 倍。因此，1 年後的存款金額就是 $(1+\frac{1}{2})^2$。當 n 逐漸增大（計息的時間縮短），1 年後的存款金額趨近 2.718281⋯⋯（下表）。

1 年後之存款金額的計算結果

n	計息期間（$\frac{1}{n}$ 年）	利息（$\frac{1}{n}$）	1 年後的存款金額 $(1+\frac{1}{n})^n$
1	1 年	$\frac{1}{1}$	2
2	半年	$\frac{1}{2}$	2.25
4	3 個月	$\frac{1}{4}$	2.44140625
12	1 個月	$\frac{1}{12}$	2.6130352902⋯⋯
365	1 日	$\frac{1}{365}$	2.7145674820⋯⋯
8760	1 小時	$\frac{1}{8760}$	2.7181266916⋯⋯
525600	1 分鐘	$\frac{1}{525600}$	2.7182792425⋯⋯

個算式而發現的。

　e 原本是在計算存放在銀行體系的存款能夠有多少複利時所產生的常數，而「$(1+\frac{1}{n})^n$」也是用來計算存款獲利的算式。假設本金為「1」，經過 $\frac{1}{n}$ 年後的存款金額為 $(1+\frac{1}{n})$ 倍時，則 1 年後的存款金額為 $(1+\frac{1}{n})^n$。

　在此，當 n 變得無限大時，1 年後的存款金額會變為多少呢？難道是變得無限大嗎？其實，若真的去算的話，就會發現存款金額逐漸趨近 e（收斂）。

存款金額的推移

下圖係表示設最初的存款為「1」，$\frac{1}{n}$ 年後的存款金額為 $(1+\frac{1}{n})$ 倍時，1 年間的存款金額會如何推移。「A 銀行」是 n = 1、「B 銀行」是 n = 2、「C 銀行」是 n = 4，隨著 n 的增大，圖形會趨近於「$y = e^x$」的圖形。當 n 為無限大時，圖形為 $y = e^x$。

1 年間的存款金額推移

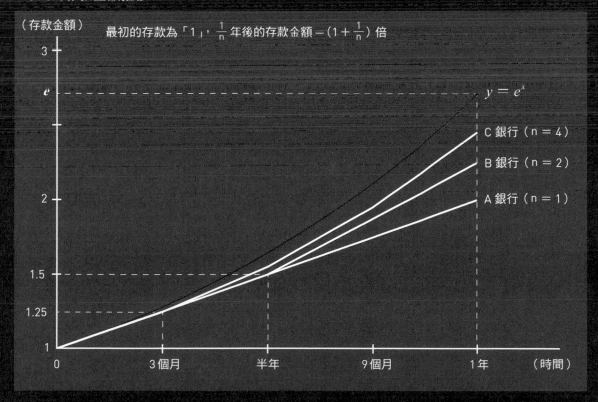

（存款金額）

最初的存款為「1」，$\frac{1}{n}$ 年後的存款金額＝$(1+\frac{1}{n})$ 倍

$y = e^x$

C 銀行（n＝4）

B 銀行（n＝2）

A 銀行（n＝1）

0　　3個月　　半年　　9個月　　1年　　（時間）

歐拉將對數發展至 e

將對數函數微分，發現 e

什麼是微分？

所謂「微分」，簡單地說就是「求圖形的斜率」，讓我們以對數函數「$y = \log_a x$」為例，來看看什麼是微分。$y = \log_a x$ 的圖形斜率會依求圖形上的哪一點而異。畫出與圖形相切的線（切線），在圖形與切線相切的點（切點）附近，計算「y 之變化量 $\div x$ 之變化量」，即可求出該切點之圖形斜率。將 $y = \log_a x$ 微分所得到的新函數，可以說是原來函數 $y = \log_a x$ 之切線斜率的算式。

$y = \log_a x$ 之圖形的切線與切點

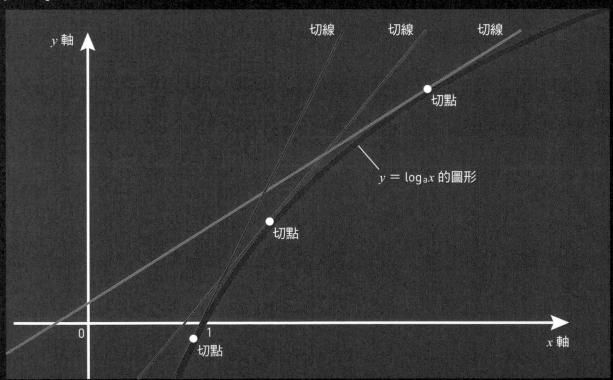

以有別於計算存款之方法發現 e 的人就是瑞士天才數學家歐拉（Leonhard Euler，1707～1783）。

歐拉將「$y = \log_a x$」這個對數函數微分，可將計算表示為「$(\log_a x)' = \frac{1}{x} \times \log_a \lim_{h \to 0} (1+h)^{\frac{1}{h}}$」。所謂的微分概略地說就是求圖形之斜率的計算。（ ）' 是表示將括弧內的函數予以微分的符號，而「$\lim_{h \to 0}$」是 h 無限趨近於 0 時，計算式子之極限值的符號。

在此，歐拉發現「$\lim_{h \to 0} (1+h)^{\frac{1}{h}} = e$」。換句話說，當 h 無限趨近於 0 時，$(1+h)^{\frac{1}{h}}$」趨近於 e（收斂）。

「$y = \log_a x$」的微分

$$(\log_a x)' = \frac{1}{x} \times \log_a \lim_{h \to 0} (1+h)^{\frac{1}{h}}$$

歐拉發現的 e

$$\lim_{h \to 0} (1+h)^{\frac{1}{h}} = e$$

何謂以 e 為底的「自然對數」？

具有微分後變為單純形式的性質

歐拉發現的 e

$$\lim_{h \to 0}(1 + h)^{\frac{1}{h}} = e$$

「$y = \log_a x$」的微分

$$(\log_a x)' = \frac{1}{x} \times \log_a \lim_{h \to 0}(1 + h)^{\frac{1}{h}}$$

$$= \frac{1}{x} \times \log_a e$$

歐拉發現的「$\lim_{h \to 0} (1 + h)^{\frac{1}{h}} = e$」意味了「$y = \log_e x$」此自然對數之函數微分，變為「$\frac{1}{x}$」此單純形式。

另外，像「$y = e^x$」這樣的指數函數具有即使微分，「e^x」也不會發生變化的性質。

以 e 為底的對數（自然對數）和指數，在以數學分析自然現象或經濟活動之際常常會用到。其理由之一就是使用 e，會使計算變得單純而容易。

「$y = \log_e x$」的微分

$$(\log_e x)' = \frac{1}{x} \times \log_e \lim_{h \to 0} (1 + h)^{\frac{1}{h}}$$

$$= \frac{1}{x} \times \log_e e$$

$$= \frac{1}{x}$$

「$y = e^x$」的微分

$$(e^x)' = e^x$$

歐拉
（1707～1783）

就連長期性的變化也能一目瞭然

若用對數圖表，可發現隱藏其中的變化

過去 120 年間的道瓊平均股價（美國代表性的股價指數）變化以 2 種圖表來表示（右邊的圖表 1 和圖表 2）。

圖表 1 中，雖然可以清楚了解這 30 年間的股價變化，不過對於 1990 年以前的股價變化就不得而知了。與現在相較，過去的股價數值非常的小，於是股價變化就被埋沒了。圖表 2 是只有縱軸採用對數刻度（每 1 刻度相差 10 倍）的半對數圖（semilogarithmic chart）。根據此圖，就連更早以前的股價數值變化也能清楚看出。

圖表 1 的每 1 刻度是從 0、1、2……成等間隔增加；圖表 2 則是從 1、10、100……每 1 刻度成固定倍率增加的「對數刻度」。若使用對數圖表，例如從 1 到 10 的變化，以及從 100 到 1000 的變化皆能以相同寬度來表示，因此與絕對值的大小無關，很容易就能觀察到相對的變化。

道瓊平均股價（美元）

20000
15000
10000
5000
0

1900　1910

道瓊平均股價（美元）

10000

1000

100

10

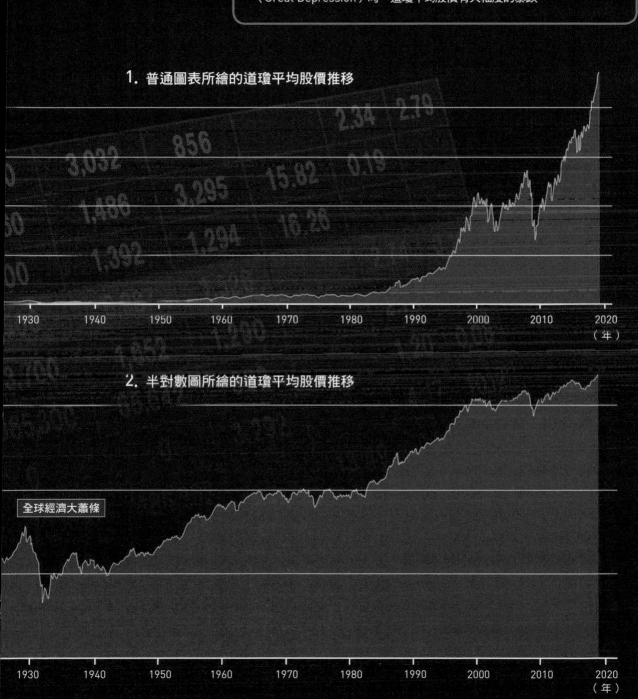

對數圖表極容易看出變化

將過去 100 年間的道瓊平均股價變化以圖表 1 和圖表 2 二種不同方式表現，加以比較。在一般圖表無法觀察到的過去道瓊平均股價變化，若使用半對數圖就能清楚看出。從圖中可發現 1929 年開始的全球性經濟大蕭條（Great Depression）時，道瓊平均股價有大幅度的暴跌。

1. 普通圖表所繪的道瓊平均股價推移

1930　1940　1950　1960　1970　1980　1990　2000　2010　2020
（年）

2. 半對數圖所繪的道瓊平均股價推移

全球經濟大蕭條

1930　1940　1950　1960　1970　1980　1990　2000　2010　2020
（年）

對數闡明宇宙定律

太陽系的行星曾經排成一列

太陽系的行星距離太陽愈遠，繞行太陽1周（公轉）所花的時間愈多。德國的天文學家克卜勒（Johannes Kepler，1571～1630）發現：「各個行星繞太陽公轉週期（T）的平方和它們的橢圓軌道的半長軸（r）※的立方成正比」（克卜勒第三定律）。

該關係若使用一般圖表來描繪的話，絕對不是直線。但是，若使用縱軸與橫軸都是對數刻度的「雙對數圖」（double logarithmic chart）來描繪的話，就會是漂亮的直線。這是因為呈指數函數型上升的圖形在雙對數圖上一定呈直線的緣故。若能靈活使用對數圖表，很容易就能觀察到在一般圖表上無法發現的變化及相關性。

若使用雙對數圖，關於克卜勒定律即可一目瞭然

插圖為太陽系從水星到海王星的八大行星，將與太陽的距離以及公轉週期以對

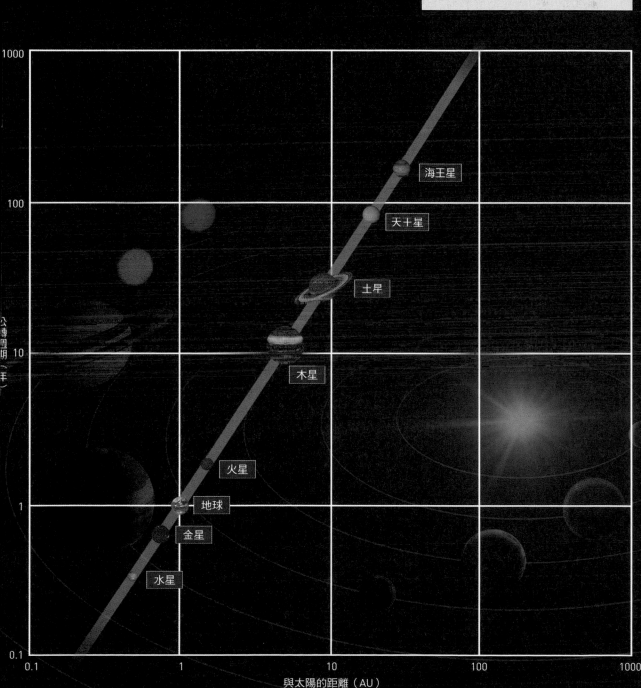

克卜勒第三定律

$$T^2 \propto r^3$$

T：公轉週期（年）

r：與太陽的距離（AU）

註：1AU 為 1 億 4959 萬 7870 公里，約
　　與太陽和地球間的平均距離相等。

對數的相關介紹與說明在此告一段落。一提到對數，「log」這個符號會頻繁出現，可能會給人難以親近的印象。但是，若能忽視這樣的感覺仔細推敲，一定會讓您大呼驚奇，對數根本就是一種非常方便的工具。

在比較數時，若使用對數，會發現以往沒有注意到的東西。

此外，在過去沒有計算機的年代，使用對數計算尺所進行的運算，也是相當有趣的話題，值得大家來認識。

在閱讀本書之後，若各位能對「對數」產生親近感，那麼出版本書就有價值了，感謝諸位讀者的支持與愛護。

【 少年伽利略 04 】

對數
不知不覺中，我們都用到了對數！

作者／日本Newton Press
執行副總編輯／賴貞秀
編輯顧問／吳家恆
翻譯／賴貞秀
發行人／周元白
出版者／人人出版股份有限公司
地址／231028 新北市新店區寶橋路235巷6弄6號7樓
電話／（02）2918-3366（代表號）
傳真／（02）2914-0000
網址／www.jjp.com.tw
郵政劃撥帳號／16402311 人人出版股份有限公司
製版印刷／長城製版印刷股份有限公司
電話／（02）2918-3366（代表號）
經銷商／聯合發行股份有限公司
電話／（02）2917-8022
香港經銷商／一代匯集
電話／（852）2783-8102
第一版第一刷／2021年5月
第一版第二刷／2022年5月
定價／新台幣250元
　　　港幣83元

國家圖書館出版品預行編目（CIP）資料

對數：不知不覺中，我們都用到了對數！
日本Newton Press作；
賴貞秀翻譯. -- 第一版. --
新北市：人人, 2021.05
面；公分. —（少年伽利略；4）
譯自：対数：あなたも知らずに使っている!
ISBN 978-986-461-242-0（平裝）
1.對數

313.13　　　　　　　　　　110005505

NEWTON LIGHT 2.0 TAISU
©2019 by Newton Press Inc.
Chinese translation rights in complex
characters arranged with Newton Press through
Japan UNI Agency, Inc., Tokyo
www.newtonpress.co.jp

Staff

Editorial Management	木村直之
Design Format	米倉英弘＋川口 匠（細山田デザイン事務所）
Editorial Staff	中村真哉，谷合 稔

Photograph

56～57	NASA

Illustration

表紙	Newton Press
2～5	Newton Press
6～7	吉原成行
8～25	Newton Press
26～27	Newton Press・カサネ治
28～55	Newton Press
58～73	Newton Press
73	小﨑哲太郎
74～77	吉原成行・Newton Press

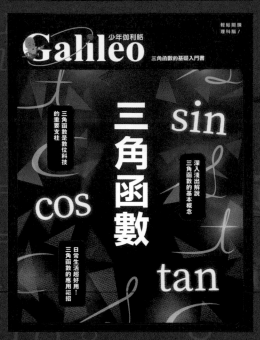
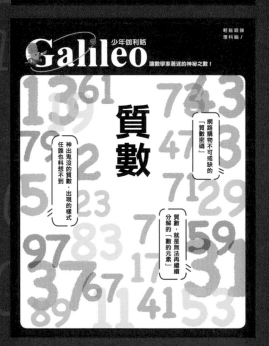